建设工程施工图审查疑难问题解析丛书

消防专业施工图疑难问题解析

马国祝　李佳男　编著

机械工业出版社
CHINA MACHINE PRESS

为全面贯彻落实《建设工程消防设计审查验收管理暂行规定》（住建部令第 58 号）、《建设工程消防设计审查验收工作细则》，提高建设工程消防设计审查质量，针对《建筑防火通用规范》等标准规范实施中遇到的一些困惑，本书结合工程实例，采用一题一议的方式，以消防图纸为鉴、以火灾案例为证，从建筑设计的角度对住宅建筑、公共建筑、工业建筑等防火设计审查中常见的一些疑难问题进行了详细解析，内容包括建筑定性、分类、总体布局、防火分区、安全疏散、耐火构造、审查要点等。本书可作为建筑设计及施工图审查人员的参考用书和经验借鉴。

图书在版编目（CIP）数据

消防专业施工图疑难问题解析／马国祝，李佳男编著. -- 北京：机械工业出版社，2025. 1. --（建设工程施工图审查疑难问题解析丛书）. -- ISBN 978-7-111-77360-3

Ⅰ. TU892-44；TU204-44

中国国家版本馆 CIP 数据核字第 2025KS2480 号

机械工业出版社（北京市百万庄大街 22 号　邮政编码 100037）
策划编辑：薛俊高　　　　　　责任编辑：薛俊高　张大勇
责任校对：李 杉　王 延　　　封面设计：张 静
责任印制：郜 敏
三河市国英印务有限公司印刷
2025 年 2 月第 1 版第 1 次印刷
184mm×260mm · 12.5 印张 · 230 千字
标准书号：ISBN 978-7-111-77360-3
定价：59.00 元

电话服务　　　　　　　　　网络服务
客服电话：010-88361066　　机 工 官 网：www.cmpbook.com
　　　　　010-88379833　　机 工 官 博：weibo. com/cmp1952
　　　　　010-68326294　　金 书 网：www.golden-book.com
封底无防伪标均为盗版　　机工教育服务网：www.cmpedu.com

前　言

作为承接建设工程消防设计审查和验收职能、落实建设工程防火责任的主管部门，住房和城乡建设部一直高度重视新形势下我国工程建设消防安全工作，自 2020 年以来，相继颁布、修订了《建设工程消防设计审查验收管理暂行规定》《建设工程消防设计审查验收工作细则》等，为加强建设工程消防设计审查验收、保证建设工程消防设计和施工质量起到了保驾护航的作用。目前我国消防法规的体系构成一般包括了消防法律法规、消防规章及消防技术标准。《中华人民共和国消防法》是目前唯一一部正在实施的具有国家法律效力的专门消防法律，而消防技术标准包括《建筑防火通用规范》《消防设施通用规范》等全文强制性通用规范、《建筑设计防火规范》等基础标准、《汽车库、修车库、停车场设计防火规范》等专用标准、《建筑钢结构防火技术规范》等专业标准。目前我国防火体系中的内容确定了防火分区要求、构件耐火等级要求以及安全疏散设计要求，还有各子系统及材料等专门针对施工及验收的规范。消防设计审查和验收只是查验这些系统的完整性，从而确定建筑消防措施是否合格或者可否投入使用。在建筑遭遇的各种灾害中，火灾是各类灾害中发生最频繁且极具毁灭性的一种灾害。防火安全设计是建筑减灾防灾的核心内容，也是建筑设计的有机组成，它影响到建筑的总体布局、空间划分、流线组织、构造措施、设备系统等方面。建筑失去了安全的保障，也就失去了其作为人居环境的根本意义。消防设计失误，常常会在建筑内埋下严重的火灾隐患。在消防设计中遇到的各类问题大多源自于对规范的不够熟悉或理解得不够深刻。正确理解规范，准确运用规范解决各类技术问题是建筑设计人员必须掌握的技能。本书不只是这样一本帮助设计和审查人员解答工作中常见的各类防火技术问题，进而帮助加深对防火规范条文的理解、记忆和正确运用的工具书，而且还通过一些具有示范效应的真实防火工程案例，引导设计人员主动学习规范并能准确应用这些基本的消防工程技术手段。

法不严则为虚，消防通用规范同样需要强有力的贯彻执行，才能发挥作用、产生实效。很多建筑火灾之所以造成严重的人员伤亡和财产损失，并非规范没有相关规定，完全是由于执行落实不严格。例如，如果设计人员违反防火规范，没有在楼板的结构变形缝处考虑防火封堵措施，或者现场工人野蛮施工，直接在楼板上打洞穿管，那么，即使表面上看楼板达到了耐火极限要求，也根本起不到防烟、隔火的作用。在消防设计审查和验收过程中，对类似问题必须高度警觉。因为业主往往会对违反消防安全规定的隐患和问题因怕麻烦或以为小题大做而有意掩饰、隐藏。令人痛心的是，目前很多人对消防审查多有诟病，工程设计人员常常抱怨审查人员缺乏灵活性，对执行消防规范僵化死板、不容变通。显然，设计人员更关心的是美观的造型、经济的成本、结构的安全，在他们心目中，消防安全只是次要因素，可有可无。之所以形成目前这种局面，原因是多方面的：

（1）现行建筑消防规范滞后于设计理念的更新。例如，建筑防火规范是根据广大科研技术人员、建筑设计人员、建筑物住户、各种火灾案例等大量经验、教训、实验与分析归纳整理而得，经验、教训、实验等数据的有限性决定了现有规范虽然具有一定的科学性和合理性，但不能完全覆盖各种建筑防火设计的新需求。特别是随着建筑科技的长足进步，具有新的设计概念和结构形式的公共建筑不断涌现，成为城市建设和发展的特色标志。规范的相对滞后对新型建筑结构防火的设计及审查带来了挑战。防火设计中既要满足新颖建筑的安全性和造型美观的需求，也要兼顾安全性和造价的适用性。

（2）缺乏鼓励加大消防安全投入的激励机制。房地产开发商缺乏消防安全知识背景，常常认为火灾是可以忽略不计的小概率事件，因此，他们普遍缺乏在建筑内采取消防安全措施的主动性。而许多商品房，装修时也会把已安装的火灾自动报警、自动喷水灭火系统等消防设施拆除。对于建筑设计人员而言，满足功能要求是首要的目标，同时还要兼顾美观和节约。如果缺乏必要的奖惩机制和引导措施，就会造成设计人员只关心功能、美观和经济这"三大因素"，那么，规范中的消防安全要求，也就只能成为应付审验的敷衍行为。

（3）建筑消防规范本身的缺陷也影响了其贯彻实施。每次规范修订后，新增的条文都被简单堆砌在原有的过时条文之上，使消防规范变得越来越僵化和难以执行。目前，防火规范的很多条文相互重复、相互矛盾，并存在地方标准过度要求，层层加码的问题。例如《建规》[⊖]中消防水泵房和消防控制室防火门要求是"乙级"，《消水规》[⊖]中消防水泵房的防火门要求为"甲级"，《人防规》[⊖]中消防水泵房和消防控制室防火门要求是"甲级"。通用规范实施以后带来的另一个弊端，是新条款往往与原有条款迭加在一起共同执行，而不是在引入新条款后，及时删减可被取代的旧条文。有些审查人员在执行通用规范和其他消防技术标准时，对涉及的同一技术问题，片面认为通用规范或技术标准，谁规定的更严格、要求更高，就执行谁的规定。例如，某项目验收时疏散出口门净宽度按更严格的《建规》[⊖] 0.9m 执行，而《通规》[⊖]已明确不应小于 0.80m，从而造成不必要的重复和投资浪费。

（4）材料的实际燃烧表现与检测报告结论可能大相径庭。生产企业和检测、试验机构设定的材料燃烧性能试验条件，往往不能全面反映真实的使用环境。如果将某种材料应用

⊖ 简称，全称及规范号见本书附录 A。

到检测时并未涉及的环境条件，设计人员就无从了解其真实的燃烧性能，自然也就无法预先采取有针对性的消防安全措施。

（5）制定消防安全标准所依据的火灾基础理论仍然贫乏。目前，消防安全标准的内容，主要来源于火灾教训和有限的试验、测试结论。也就是说，消防安全标准更多依赖于传统的经验积累，而不是对火灾基础理论的深刻把握。消防安全领域基础理论研究的薄弱现状，与建筑结构等成熟的工程技术领域形成了强烈反差。例如，在建筑结构布置时，荷载大小、跨度、层高的任何改变所产生的影响，都可以按照严格的结构计算公式，通过精准的计算做出准确预测。如果在消防安全领域也能做到这一点，找出反映燃烧过程和产物的数学方程式，那么，根据材料及其应用环境的变化，就可以事先计算出火灾强度等特性，而不是只依赖传统的实验方法粗略估算。

防火是建筑设计不可分割的一部分，必须从项目一开始就纳入整体设计过程。对于参与建筑设计过程的每个人来说，了解在设计过程中每个步骤都需要考虑消防工程问题至关重要。本书结合工程实例，采用一题一议的方式，以消防图纸为鉴、以火灾案例为证，从建筑设计的角度对住宅建筑、公共建筑、工业建筑等防火设计审查中常见的一些疑难问题进行了详细解析，简单明了地解释了消防工程涉及的内容，以及在将消防纳入整个建筑设计过程时需要考虑的问题。内容包括住宅建筑、公共建筑、建筑结构、室内装修、政策程序等方面。

需要特别说明的是：同一规范条文，不同地区、不同审查人员、不同验收人员理解经常不一样，这是现阶段普遍存在的问题。同时，国家标准图集、正式出版的参考资料、各地方发布的消防审验指南等文件对规范又进行了补充规定，造成设计院、施工图审查机构、建设方、行政主管部门等参与建筑工程各环节的工程技术人员对规范会产生不同的解读。另外消防设计千差万别，处理方式设计规范不可能全部包络，再加上各地对消防图纸中违反强制性条文的查处力度空前严厉，本书对规范条文的解读，只代表编者的个人观点，仅供设计审查人员对规范条文理解时参考使用，不具备任何法律约束力。笔者建议建设项目落地之初，设计人员一定要仔细研究当地各种消防规定和指南，如没有具体要求建议，则按《建规》图示推荐做法最为稳妥。

最后特别要感谢机械工业出版社的薛俊高先生对消防这一课题的热心关注，以及参与编辑本书的所有人员，感谢他们对本书的认真审阅，以及他们提出的富有洞察力的意见和建议。限于本人水平，书中难免有错误和不妥之处，敬请同行和专家批评指正。

2024 年 5 月 1 日

目　录

第1章

消防专业术语辨析

Q1 规范标准中的"强制性条文"和"非强制性条文"是何关系？国家全文强制性规范施行后，继续有效的国家工程建设消防技术标准及非强制性条文是否必须执行

参照《建规指南》[⊖]解释，强制性条文是必须全部严格执行的规定，是参与建设活动各方执行工程建设标准强制性要求和政府对标准执行情况实施监督的依据；对于违反强制性条文者，无论其行为是否一定导致事故或其他危害，均会被追究法律责任和受到处罚。标准中的非强制性条文，是非强制监督执行的要求，如果不执行这些技术内容，同样可以保证工程的安全和质量，国家是允许的；但如果因为没有执行这些技术要求而造成工程质量和安全隐患或事故，同样要追究责任人的法律责任。工程建设标准强制性条文是适应我国工程建设活动现状，并逐步向建立工程建设技术法规体系发展的过渡性标准形式。现行的有关强制性条文是工程建设技术法规体系的基础，将会被政府严格控制并全面覆盖的技术法规取代。非强制性条文将会逐步转变为技术标准，供各方自愿采用。一旦某项技术标准被当事方约定采用，就成了约定各方的强制性标准。

强制性条文是保证建设工程质量和安全的必要条件，是为确保国家及公众利益，针对建设工程提出的最基本技术要求，体现的是政府宏观管理的意志，也是政府进行监督检查的技术依据，但强制性条文不是工程技术活动的唯一依据。强制性标准是每个工程技术人员及管理人员在正常的技术活动中均应遵循的规则，其中的所有条文都是围绕某一范围的特定目标而提出的成熟可靠和切实可行的技术要求或措施。强制性标准是判定责任的技术依据之一。强制性条文是必须全部严格执行的规定，是参与建设活动各方执行工程建设标准强制性要求和政府对标准执行情况实施监督的依据；对于违反强制性条文者，无论其行为是否一定导致事故或其他危害，均会被追究法律责任和受到处罚。技术标准中的非强制

⊖ 为了力求本书的行文简洁，突出核心内容，本书所提到的标准、规范、政府文件、地方规定、规范指南和图示都用了简称，全称及编号可参见书后附录 A。不一一赘述。

1

性条文，是非强制监督执行的要求；但如果因为没有执行这些技术要求而造成工程质量和安全隐患或事故，同样要追究责任人的法律责任。

【设计审查要点】依据《建消审验细则》（建科规〔2020〕5号）第十三条规定，消防设计技术审查符合下列条件的，结论为合格；不符合下列任意一项的，结论为不合格：

1）消防设计文件编制符合相应建设工程设计文件编制深度规定的要求。

2）消防设计文件内容符合国家工程建设消防技术标准强制性条文规定。

3）消防设计文件内容符合国家工程建设消防技术标准中带有"严禁""必须""应""不应""不得"要求的非强制性条文规定。

【工程案例辨析】

（1）"15亿"天价索赔案。某设计公司承接某楼盘的工程设计，消防电梯前室短边尺寸小于2.4m，消防验收没通过，导致楼盘延期交房，开发商给设计院发了律师函，按照函件中的说法，"由于贵司与施工图审查公司的过错，届时损失粗略估计恐在15亿左右，影响之大，后果之严重，请贵司一定予以重视，并妥善予以解决"。这个小区方案公示是在2019年6月4日，2021年12月有过一次"重大变更"，2023年这个项目才施工完成。《建规》（2018年版）自2018年10月1日起实施，第7.3.5条新增加了"**消防电梯前室的短边不应小于2.4m**"，且为强制性条文。主要是消防电梯前室的使用面积和尺寸既要考虑消防员整顿装备和临时休整的需要，还要考虑救助被困人员并通行担架的要求。因此，消防电梯前室的短边不应小于2.4m，使用面积不应小于6.0m²。此案例先不探讨谁的责任，设计图纸中违反强制性条文是事实。这也给设计和审查人员一个深刻的警醒。

（2）2023上半年陕西省抽查68个消防设计审查项目（陕建消发〔2023〕35号），涵盖商业、一类高层住宅、学校、医院、幼儿园、养老院、加油加气站等类型，涉及工程设计单位45家、施工图审查机构18家；44个消防验收（备案）项目，涵盖住宅、商业综合体、医院、幼儿园、医药工程、煤炭工程、变配电等类型，涉及施工企业67家、消防设施检测机构29家。消防设计抽查共发现技术性问题1115条，其中违反消防技术标准强制性条文（以下简称强条）24条，违反消防技术标准中带有"严禁""必须""应""不应""不得"要求的非强制性条文规定（以下简称非强条）1091条。做出审批的住房和城乡建设主管部门对设计单位和图纸审查机构依法予以了处理。

Q2 医疗建筑、老年人照料设施、儿童活动场所、新形态的歌舞娱乐游艺放映场所等建筑如何分类

（1）参照《建规指南》解释：

1）医疗建筑是为医院、卫生院、疗养院、独立门诊部、诊所卫生所室（等从事）疾病诊断、治疗活动的机构服务的建筑，不包括无治疗功能的休养性质的医疗院。

2）老年人照料设施是为老年人提供集中照料服务的设施，是老年人全日照料设施和老年人日间照料设施的统称。

3）儿童活动场所主要是为供 12 岁及以下年龄少儿或幼儿集中进行教育、游戏、娱乐、培训等活动的场所。

（2）参照《娱乐场所管理办法》（2022 修订）第二条，所称娱乐场所，是指以营利为目的，向公众开放、消费者自娱自乐的歌舞、游艺等场所。歌舞娱乐场所是指提供伴奏音乐、歌曲点播服务或者提供舞蹈音乐、跳舞场地服务的经营场所；游艺娱乐场所是指通过游戏游艺设备提供游戏游艺服务的经营场所。

（3）依据《建规》第 5.4.9 条规定，歌舞娱乐放映游艺场所，是指歌厅、舞厅、录像厅、夜总会、卡拉 OK 厅和具有卡拉 OK 功能的餐厅或包房、各类游艺厅、桑拿浴室的休息室和具有桑拿服务功能的客房、网吧等场所，不包括电影院和剧院的观众厅。新形态的歌舞娱乐游艺放映场所，不应受上述场所称呼的限制，而应根据具体场所的实际用途是否与规范规定的用途一致来确定其防火设计要求。如密室脱逃也应归类为歌舞娱乐游艺放映场所。

（4）参照《建规》第 5.1.1 条文说明，老年人照料设施是指《老年人照料设施建筑设计标准》JGJ 450—2018 中床位总数（可容纳老年人总数）≥20 床（人），为老年人提供集中照料服务的公共建筑，包括老年人全日照料设施和老年人日间照料设施，如图 1-1 所示。其他专供老年人使用的、非集中照料的设施或场所，如老年大学、老年活动中心等不属于老年人照料设施。老年人照料设施包括 3 种形式，即独立建造的、与其他建筑组合建造的和设置在其他建筑内的老年人照料设施。对于与其他建筑上下组合建造或设置在其他建筑内的老年人照料设施，其防火设计要求应根据该建筑的主要用途确定其建筑分类。其他专供老年人使用的、非集中照料的设施或场所，其防火设计要求按有关公共建筑的规定确定；对于非住宅类老年人居住建筑，按有关老年人照料设施的规定确定。

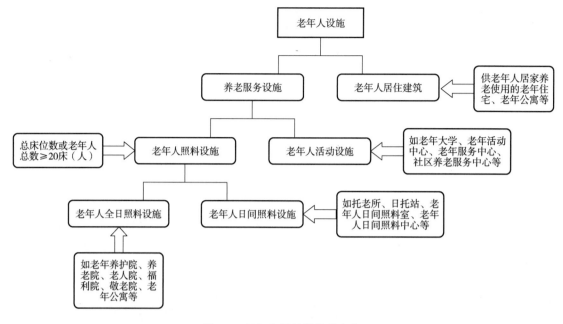

图 1-1 老年人照料设施的定位

（5）参照《医电规》第 5.1.1 条条文说明，医疗建筑主要包括两大类：一是医院建筑，包括三级医院、二级医院、一级医院；二是其他医疗机构建筑，包括专科疾病防治院（所、站）、妇幼保健院（所、站）、卫生院（其中含乡镇卫生院）、社区卫生服务中心（站）、诊所（医务室）、村卫生室。

"剧本杀""密室逃脱"等游戏因其独特新潮的玩法受到年轻群体的青睐，但这些密闭的场所存在很大的消防安全隐患，若发生火灾等意外，玩家就有可能从"逃脱"变成"逃生"。《关于加强剧本娱乐经营场所管理的通知》（文旅市场发〔2022〕70 号）明确剧本娱乐经营场所经营范围为"剧本娱乐活动"，剧本娱乐经营场所应当履行安全生产主体责任，严格落实相关法律法规和有关消防安全要求。

老年人照料设施区别于其他老年人设施的重要特征是能够为老年人提供全日或日间的照料服务，因此老年大学、老年活动中心、老年人住宅不属于老年人照料设施。老年人照料设施的建筑性质属于公共建筑。老年人全日照料设施的主要特点是为老年人提供住宿和生活照料服务。除生活照料服务之外，老年人全日照料设施还可提供老年护理、康复和医疗等服务，如养老院、老人院、福利院、敬老院、老年养护院、老年公寓等。需注意，社会上部分老年公寓为供老年人居家养老使用的居住建筑，不属于老年人全日照料设施。老年人日间照料设施区别于老年人全日照料设施的主要特征是只提供日间休息和相关服务，其服务对象既包括能力完好的老年人，也包括自理能力不好的老年人。

【设计审查要点】无治疗功能的疗养院及其他康养建筑应按照旅馆建筑进行防火设计。老年人照料设施属于公共建筑，其建筑分类根据民用建筑分类确定。单、多层老年人照料设施的建筑分类，和常规公共建筑的分类一致，独立建造的高层老年人照料设施，属于一类高层民用建筑。设计总床位数≤19（床）的老年人全日照料设施，以及设计老年人总数≤19（人）的老年人日间照料设施的建筑设计可不按《建规》中对老年人照料设施防火要求执行。剧本娱乐经营场所不应布置在居民楼内、建筑物地下二层及以下楼层。

【工程案例辨析】某医疗康养中心项目 3#康养楼，建筑面积 13190.02m²，高度 53.75m，地上 17 层，耐火等级为一级，工程概况如图 1-2 说明。原设计建筑分类为"二类高层住宅"审查意见中提出："3#康养楼建筑高度 53.75m>50m，属于公共建筑，依据《建规》第 5.1.1 条规定，应按照一类高层旅馆进行防火设计"。

2	工程概况

2.1 本项目为　　　医疗康养中心项目 3# 康养楼，位于　　　　以西。
建设单位：　　　医疗健康管理有限公司。
2.2 设计的主要范围和内容：建筑、结构、给排水、电气、暖通等。高低压变配电室、燃气管线等需由专业不在本设计范围；幕墙深化设计，电梯厂家深化设计，机电分包设计，室内精装修、景观园林及夜景照明等并必须经我院审核及相关专业配合后方可施工。
2.3 本项目主要指标

表 2.3

类别 楼号	总建筑面积 m²	层数		建筑高度（室外地坪至屋顶结构面层）	防火设计建筑分类	结构形式	耐火等级
		地上	地下				
3# 康养楼	13190.02	17	0	53.75	二类高层	剪力墙结构	一级

2.4 建筑结构的类别为丙类，设计使用年限为50年，抗震设防烈度为7度；

图 1-2　某 3#康养楼建筑说明

【火灾事故警示】

（1）歌舞娱乐（KTV）重大火灾事故

1994 年 11 月 27 日，辽宁省阜新市艺苑歌舞厅发生特大火灾，造成 233 人死亡，20 人受伤，烧毁建筑面积 180m²，直接财产损失 12.8 万元。火灾原因是舞客将点烟时未熄灭的报纸卷塞入破损的沙发洞内，引燃沙发所致。歌舞厅有两个出入口。发生火灾前，门被上栓挂锁。歌舞厅 6 个窗户被封堵、4 个窗户装有铁栅栏。

2014 年 12 月 15 日，河南省长垣县皇冠歌厅（皇冠 KTV）发生一起重大火灾事故，过火面积 123m²，造成 11 人死亡，28 人受伤，直接经济损失 957.64 万元。事故直接原因：皇冠歌厅吧台内使用的电暖器，近距离高温烘烤违规大量放置的具有易燃易爆危险性的罐装空气清新剂，导致空气清新剂爆炸燃烧引发火灾。

2017 年 2 月 25 日，南昌市红谷滩新区海航白金汇唱天下 KTV 发生一起重大火灾事故。此次火灾过火面积约为 1500m²，死亡 10 人，13 人受伤。该起火建筑为高层公共建筑，其中的裙楼 1 层局部为酒店大堂，裙楼 1、2 层为唱天下 KTV。火灾原因认定为工人违规焊割。

2018 年 4 月 24 日，广东省清远市茶园路一 KTV 发生火灾。现场共造成 18 人死亡，5人受伤。据调查，该火灾系人为纵火。

（2）医院重大火灾事故

2004 年 1 月 22 日，武汉市商业职工医院住院部楼梯间仓库发生火灾，造成 7 人死亡，11 人受伤。过火面积达 210m²。此次火灾原因是医院职工在二楼内纵火，明火扑灭后，职工李某某指派人员将纵火现场清理的残留物放置于二楼仓库内，导致物品长时间阴燃，发生火灾。

2005 年 12 月 15 日，吉林省辽源市中心医院发生特别重大火灾事故，造成 37 人死亡，95 人受伤，直接财产损失 822 万元。事故的直接原因是医院配电室电缆沟内电缆短路故障引燃可燃物。据调查，该医院在进行配电室改造工程中，购置了不合格的电缆。

2022 年 1 月 8 日，湖南省衡阳市石鼓区五一路衡阳来雁医院发生火灾，造成 6 人死亡、8 人受伤，过火面积约 300m²，直接经济损失约 779.5 万元。据调查，事故的直接原因为发生火灾的建筑第三层属于违章建筑，且未经过规划审批、消防设计及消防验收备案，顶棚违规使用泡沫夹芯彩钢板搭建。

2023 年 4 月 18 日，北京市丰台区靛厂新村 291 号北京长峰医院发生重大火灾事故，造成 29 人死亡、42 人受伤，直接经济损失 3831.82 万元。起火原因一是作业人员安装切割动火时，违规交叉作业；二是施工涂刷的环氧树脂底涂材料中易燃易爆成分挥发，形成爆炸性气体混合物；三是作业人员切割金属板产生的火花，遇爆炸性气体混合物引起爆燃，并引燃堆放的可燃物。

（3）老年人照料设施重大火灾事故

2013 年 7 月 26 日，黑龙江省海伦市联合敬老院的住院处发生重大火灾事故，11 名老人被烧死。火灾原因是敬老院内一入住老人财物丢失，为泄私愤纵火而致。

2015 年 5 月 25 日，河南省平顶山市鲁山县康乐园老年公寓发生特别重大火灾事故，造成 39 人死亡、6 人受伤，过火面积 745.8m²，直接经济损失 2064.5 万元。事故的直接原因是康乐园老年公寓不能自理区电器线路接触不良导致发热，高温引燃周围的电线绝缘层、聚苯乙烯泡沫、吊顶木龙骨等易燃可燃材料，造成火灾。

2017 年 1 月 4 日，吉林省通化市辉南县聚德康安养老院发生火灾，造成 7 人死亡。起火原因是电源插座与充气气垫插头接触故障引燃周围可燃物。

Q3 疏散出口、安全出口及疏散门之间有何区别

（1）依据《建规》第 2.1.14 条给出的定义，安全出口就是供人员安全疏散用的楼梯间和室外楼梯的出入口或直通室内外安全区域的出口。其中疏散楼梯间及其前室、避难间、避难层、避难走道、符合要求的室内步行街或有顶下沉广场、有顶庭院、相互间采用防火墙完全分隔的相邻防火分区等，均可视为室内安全区域；符合人员安全停留并能使人员快速疏散离开的室外设计地面（包括露天下沉广场）、上人屋面或平台、连接相邻建筑的开敞天桥或连廊、室外楼梯、建筑中连接疏散楼梯（间）、相邻建筑的上人屋面、天桥的敞开外廊等，均可视为室外安全区域。疏散门是直接通向疏散走道的房间门、直接开向疏散楼梯间的门（如住宅的户门）或室外的门，不包括套间内的隔间门或住宅套内的房间门。

（2）参照《建规指南》条文说明，安全出口是建筑内某一区域直通室内或室外安全区的疏散出口，它的合理布置能够提高人员在火灾时疏散的安全性。安全出口是疏散出口的一种，主要针对某一个独立的防火分区或楼层而言。疏散出口不一定是安全出口，疏散出口包括安全出口和房间的疏散门，因此可以说安全出口是安全度更高的疏散出口。

（3）参照《应急疏散标》第 3.2.8 条条文说明，安全出口是直通室外安全区域的出口，疏散出口是供人员安全疏散用的楼梯间的出入口或直通室内安全区域的出口，为了便于人员准确识别安全出口、疏散出口的位置，在进入安全出口、疏散出口的部位应设置出口标志灯；观众厅、展览厅、多功能厅和建筑面积大于 400m² 的营业厅、餐厅、演播厅等人员密集场所疏散门是通向室内外安全区域的必经出口，也属疏散出口的范畴；其上方也应设置出口标志灯；安全出口和疏散出口上方设置的出口标志灯应有所区别，安全出口上方设置的标志灯的指示面板应有"安全出口"字样的文字标识，而疏散出口上方设置的标

志灯的指示面板不应有"安全出口"字样的文字标识。

从上面三条可以看出，《建规》和《应急疏散标》中"安全出口""疏散出口"的概念并不完全相同。《应急疏散标》第3.2.8条规定了出口标志灯设置的11种情况，其中出口标志灯包含了"安全出口"和"疏散出口"。要求直通室外的才能设立"安全出口"指示标志，其他的只能设置"疏散出口"指示标志。而《建规》将供人员安全疏散用的楼梯间和室外楼梯的出入口或直通室内外安全区域的出口都定义为"安全出口"。其中"室内安全区域"包含符合《建规》相关要求的避难层、避难走道等，"室外安全区域"包括室外地面、符合疏散要求并具有直接到达地面设施的上人屋面、平台及满足《建规》相关要求的天桥、连廊等。由于楼梯间、避难层和避难走道等属于室内区域，其安全性能有别于室外地面，为了能够对"室内安全区域"和"室外安全区域"的出口有明显的区分，《应急疏散标》对安全出口进行了细分：将通向室外地面、室外楼梯、符合疏散要求并具有直接到达地面设施的上人屋面、平台及满足《建规》相关要求的天桥、连廊等室外安全区域的出口定义为"安全出口"；将通向楼梯间、避难层、避难走道等"室内安全区域"的出口统一定义为"疏散出口"；将观众厅、展览厅、多功能厅和建筑面积大于400m^{2}的营业厅、餐厅、演播厅等人员密集场所的疏散门也归为"疏散出口"。

【设计审查要点】安全出口的设置要注意出口的宽度和位置分布的合理性和可达性，这与场所的使用用途、人员密度、空间高度和面积大小及平面形状等因素有关。在计算安全出口的净宽度时，一般应以安全出口门的净宽度和疏散楼梯梯段的净宽度中的最小者确定。设计时，疏散走道和楼梯间梯段、首层出口门的宽度通常应大于楼梯间楼层入口门的宽度。

【工程案例辨析】某高层办公楼，在首层布置了大堂及办公室，共设置两部疏散楼梯，采用防烟楼梯间，一台消防电梯，每层划分为一个防火分区，设置直接对外的安全出口6个，如图1-3、图1-4所示。在首层采用乙级防火门将走道和其他房间分隔，形成扩大的前室。首层大堂直通室外的疏散出口既是安全出口，也是疏散门。而各办公室通向疏散走道的房间门只是疏散门，不是安全出口，但楼层上通向疏散楼梯间处的入口则是该楼层的安全出口。《建规》对图1-3中所标的疏散出口（矩形框内和圆形框内门），都定义为安全出口，其中矩形框内门通向室外安全区域，圆形框内门通向室内安全区域。但按照《应急疏散标》中规定，只有直通室外的疏散门才可以在上方设置"安全出口"字样，而"疏散出口"处不设置，如图1-4所示。

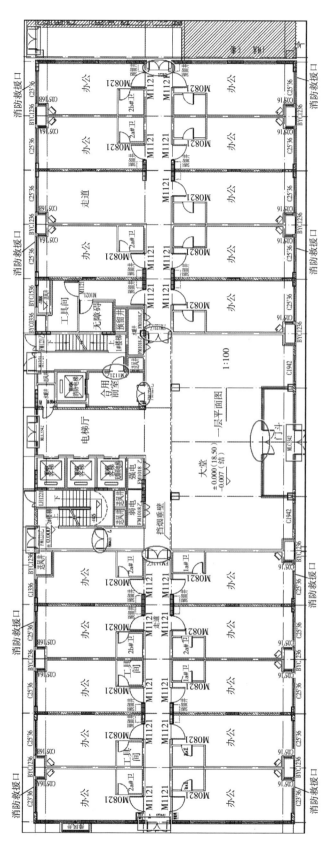

图 1-3　某高层办公楼首层平面图

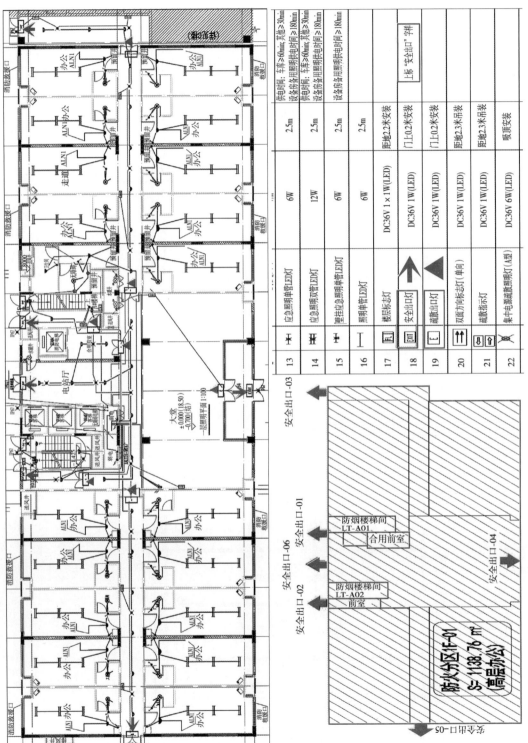

图 1-4 某高层办公楼首层照明平面图

13	✛	应急照明单管LED灯	6W	2.5m	供电时间：车库≥60min；其他≥30min
14	✚	应急照明双管LED灯	12W	2.5m	设备房备用照明供电时间≥180min
15	✛	单出应急照明单管LED灯	6W	2.5m	供电时间：车库≥60min；其他≥30min
16	⊥	照明单管LED灯	6W	2.5m	设备房备用照明供电时间≥180min
17	Ⅲ	楼层标志灯	DC36V 1×1W(LED)	距地2.2米安装	
18	Ⅲ	安全出口灯	DC36V 1W(LED)	门上0.2米安装	上标"安全出口"字样
19	Ⅲ	疏散出口灯	DC36V 1W(LED)	门上0.2米安装	
20	⇈	双面方向标志灯（单向）	DC36V 1W(LED)	距地2.3米吊装	
21	⇦	疏散指示灯	DC36V 1W(LED)	距地2.3米吊装	
22	⊗	集中电源疏散照明灯（A型）	DC36V 6W(LED)	吸顶安装	

Q4 避难走道、避难层、避难间之间有何区别

依据《建通规》术语中给出的定义，避难走道就是建筑中直接与室内的安全出口连接，在火灾时用于人员疏散至室外，并具有防火、防烟性能的走道；避难层就是火灾时用于建筑内的人员临时躲避火灾及其烟气的楼层；避难间就是火灾时用于建筑内的人员临时躲避火灾及其烟气的房间。避难走道主要解决建筑中水平疏散距离过长，或难以按照规范要求设置直通室外的安全出口等问题。避难走道和防烟楼梯间的作用类似，疏散时人员只要进入避难走道，就可视为进入相对安全的区域。避难层、避难间是为解决人员竖向疏散距离过长而设置的。

（1）《建通规》第 7.1.14 条、第 7.1.9 条、第 7.4.8 条规定，建筑高度大于 100m 的工业与民用建筑应设置避难层，且第一个避难层的楼面至消防车登高操作场地地面的高度不应大于 50m；通向避难层的疏散楼梯应使人员在避难层处必须经过避难区上下。除通向避难层的疏散楼梯外，疏散楼梯（间）在各层的平面位置不应改变或应能使人员的疏散路线保持连续；高层病房楼应在二层及以上的病房楼层和洁净手术部设置避难间，避难间可以利用平时使用的房间，如每层的监护室，也可以利用电梯前室。但合用前室不适合用作避难间，以防止病床影响人员通过楼梯疏散。

（2）《建规》第 5.5.24 条、第 5.5.32 条规定，3 层及 3 层以上总建筑面积大于 $300m^2$（包括设置在其他建筑内三层及以上楼层）的老年人照料设施，应在二层及以上各层老年人照料设施部分的每座疏散楼梯间的相邻部位设置 1 间避难间。当老年人照料设施设置与疏散楼梯或安全出口直接连通的开敞式外廊、与疏散走道直接连通且符合人员避难要求的室外平台等时，可不设置避难间。避难间可利用疏散楼梯间的前室或消防电梯的前室；建筑高度大于 54m 的住宅建筑，每户应有一间房间靠外墙设置，并应设置可开启外窗，该房间墙体的耐火极限不应低于 1.00h，门宜采用乙级防火门，外窗的耐火完整性不宜低于 1.00h。

避难走道两侧的围护结构应为耐火极限不低于 3.00h 的不燃性防火隔墙，不允许采用防火卷帘，避免采用防火玻璃墙。避难走道的设防水平与防烟楼梯间相当，但较防烟楼梯间安全，避难走道需要设置防烟前室。避难走道通常用于难以按照规范要求设置直通地面的安全出口的地下建筑，或者建筑平面尺寸很大且难以按照规范要求设置直通室外的安全出口的建筑。避难层和避难间均为火灾时的临时安全区，建筑发生火灾时为人员提供一定时间的安全避难条件。避难层是建筑内的一个专用的楼层，避难间是建筑楼层上任一防火区域内在疏散出口附近设置的一个具有较高防火性能的房间。避难间一般可以兼作其他火灾危险性较小的用途，避难层除可以兼作设备层外，不能有其他使用功能。建筑高度大于 54m 的住宅建筑（首层除外），无论其是否设置避难层，每户均应设置一间可用于火灾时

临时避难的房间。

【设计审查要点】

（1）避难走道：

1）避难走道防火隔墙的耐火极限不应低于 3.00h，楼板的耐火极限不应低于 1.50h。

2）避难走道直通地面的出口不应少于 2 个，并应设置在不同方向，当避难走道仅与一个防火分区相通且该防火分区至少有 1 个直通室外的安全出口时，可设置 1 个直通地面的出口。

3）任一防火分区通向避难走道的门至该避难走道最近直通地面的出口的距离不应大于 60m。

4）避难走道的净宽度不应小于任一防火分区通向该避难走道的设计疏散总净宽度。

5）避难走道内部装修材料的燃烧性能应为 A 级。

6）防火分区至避难走道入口处应设置防烟前室，前室的使用面积不应小于 $6.0m^2$，开向前室的门应采用甲级防火门，前室开向避难走道的门应采用乙级防火门。

7）避难走道内应设置消火栓、消防应急照明、应急广播和消防专线电话。

（2）避难层：

1）避难区的净面积应满足该避难层与上一避难层之间所有楼层的全部使用人数避难的要求。

2）除可布置设备用房外，避难层不应用作其他用途。设置在避难层内的可燃液体管道、可燃或助燃气体管道应集中布置，设备管道区应采用耐火极限不低于 3.00h 的防火隔墙与避难区及其他公共区分隔。管道井和设备间应采用耐火极限不低于 2.00h 的防火隔墙与避难区及其他公共区分隔。设备管道区、管道井和设备间与避难区或疏散走道连通时，应设置防火隔间，防火隔间的门应为甲级防火门。

3）避难层应设置消防电梯出口、消火栓、消防软管卷盘、灭火器、消防专线电话和应急广播。

4）在避难层进入楼梯间的入口处和疏散楼梯通向避难层的出口处，均应在明显位置设置标示避难层和楼层位置的灯光指示标识。

5）避难区应采取防止火灾烟气进入或积聚的措施，并应设置可开启外窗。

6）避难区应至少有一边水平投影位于同一侧的消防车登高操作场地范围内。

（3）避难间：

1）避难区的净面积应满足避难间所在区域设计避难人数避难的要求。

2）避难间兼作其他用途时，应采取保证人员安全避难的措施。

3）避难间应靠近疏散楼梯间，不应在可燃物库房、锅炉房、发电机房、变配电站等火灾危险性大的场所的正下方、正上方或贴邻。

4）避难间应采用耐火极限不低于 2.00h 的防火隔墙和甲级防火门与其他部位分隔。

5）避难间应采取防止火灾烟气进入或积聚的措施，并应设置可开启外窗，除外窗和疏散门外，避难间不应设置其他开口。

6）避难间内不应敷设或穿过输送可燃液体、可燃或助燃气体的管道。

7）避难间内应设置消防软管卷盘、灭火器、消防专线电话和应急广播。

8）在避难间入口处的明显位置应设置标示避难间的灯光指示标识。

【工程案例辨析】某高层办公楼，建筑高度124.8m，地上34层，设置两部疏散楼梯，采用防烟楼梯间，一台消防电梯，在第二十一层设置避难层，如图1-5所示。审查意见中提出"通向避难层的两部疏散楼梯应使人员在避难层处必须经过避难区上下，楼梯间应采用防火隔墙分隔，不应开设相互连通的门"。整改措施：取消隔墙门FMB1221，采用耐火极限不低于2.0h的防火隔墙隔开。

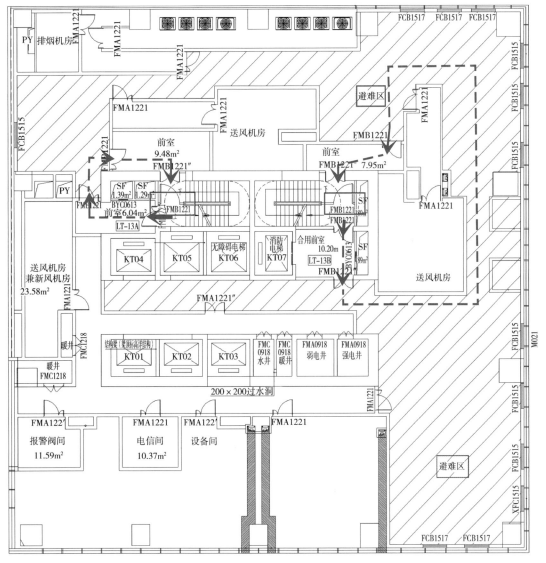

图 1-5　某高层办公楼避难层平面图

Q5 人员密集场所、人员密集的场所、人员密集场所建筑、人员密集场所的建筑之间有何区别

（1）依据《消防法》第七十三条，《人员密集管理》第 3.1 条、第 3.2 条、第 3.3 条规定，人员密集场所，是指公众聚集场所，医院的门诊楼、病房楼，学校的教学楼、图书馆、食堂和集体宿舍，养老院，福利院，托儿所，幼儿园，公共图书馆的阅览室，公共展览馆、博物馆的展示厅，劳动密集型企业的生产加工车间和员工集体宿舍，旅游、宗教活动场所等；公众聚集场所，是指宾馆、饭店、商场、集贸市场、客运车站候车室、客运码头候船厅、民用机场航站楼、体育场馆、会堂以及公共娱乐场所等；公共娱乐场所是指，具有文化娱乐、健身休闲功能并向公众开放的室内场所。包括影剧院、录像厅、礼堂等演出、放映场所，舞厅、卡拉 OK 厅等歌舞娱乐场所，具有娱乐功能的夜总会、音乐茶座、酒吧和餐饮场所，游艺、游乐场所和保龄球馆、旱冰场、桑拿等娱乐、健身、休闲场所和互联网上网服务营业场所以及其他与所列场所功能相同或相似的营业性场所，如图 1-6 所示。

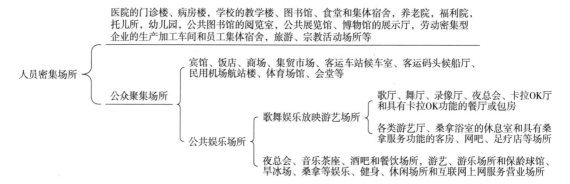

图 1-6　人员密集场所图示

（2）"人员密集的场所"是特指某一建筑内部的功能房间或特殊区域，当建筑内部的某些房间（或区域）符合图 1-6 所示的内容时，则该功能房间（或区域）属于"人员密集的场所"。

（3）参照《建规》第 5.5.19 条条文说明，"人员密集的公共场所"主要指营业厅、观众厅，礼堂、电影院、剧院和体育场馆的观众厅，公共娱乐场所中出入大厅、舞厅，候机（车、船）厅及医院的门诊大厅等面积较大、同一时间聚集人数较多的场所。

"人员密集场所"属于建筑分类定性，"人员密集场所建筑"是人员密集场所的特指。

"人员密集的场所"是指建筑内部的功能场所类别,主要针对建筑内部的某些房间(或区域),"人员密集的公共场所"是人员密集的场所的特指。"设置人员密集场所的建筑"不但包括了人员密集场所建筑,也包括了人员密集场所与非人员密集场所合建的建筑,比如旅馆、商店与住宅建筑、办公建筑合用的建筑等,如图 1-7 所示。"人员密集场所建筑"不一定所有房间均为人员密集的场所。比如酒店、商业中心等属于人员密集场所建筑,但其附属的办公室、车库等,通常不属于人员密集的场所。"非人员密集场所建筑"的某些房间(或区域)也可能属于人员密集的场所,比如办公建筑等非人员密集场所建筑,其内部会议室、多功能厅等属于人员密集的场所。

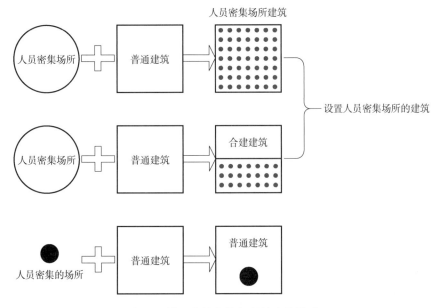

图 1-7 设置人员密集场所的建筑图示

【设计审查要点】密室逃脱类场所应按不低于歌舞娱乐放映游艺场所的要求进行防火设计,电影院和剧场的观众厅不属于歌舞娱乐放映游艺场所。具备图 1-6 所示功能的一定规模建筑,均属于人员密集场所建筑,具备以上功能的建筑内部场所,均属于人员密集的场所。《消防法》《建通规》等法律法规及标准所述的人员密集场所,通常特指"人员密集场所建筑";《建规》等防火技术标准涉及的人员密集场所或人员密集的场所,需结合条文情况具体来确定;《自喷》《自报》《防排烟》《气规》《应急疏散标》等消防设施技术标准中的"人员密集场所",通常是指"人员密集的场所"。

【工程案例辨析】以某住宅建筑为例:

(1)上部住宅+底部二层商业网点=住宅建筑(性质不变)。

（2）上部住宅+底部二层商业或超市=设置人员密集场所的公共建筑（性质改变）。

（3）上部住宅+底部二层商业网点（内设有足疗店和网吧）=住宅建筑（性质不变）。

（4）住宅建筑改为人才公寓=人员密集场所公共建筑（性质改变）。

$Q6$ 住宅建筑中的独立前室、共用前室、合用前室、"三合一"前室之间有何区别

住宅中的消防前室是指设置在人流进入消防电梯、防烟楼梯间或者没有自然通风的封闭楼梯间之前的过渡空间。设置前室的主要作用是：火灾时可将产生的大量烟气在前室附近排掉，防止烟气进入楼梯间，以保证消防人员顺利扑救火灾和抢救人员；缓冲楼梯间人员拥挤，即能容纳部分疏散人员在前室内作短暂时间的避难；抢救伤员时能放下担架；放置必要的灭火器材。

（1）依据《防排烟》第 2.1.19 条、第 2.1.20 条、第 2.1.21 条规定，独立前室指只与一部疏散楼梯相连的前室；共用前室（居住建筑）是剪刀楼梯间的两个楼梯间共用同一前室时的前室；合用前室是防烟楼梯间前室与消防电梯前室合用时的前室，如图 1-8 所示。

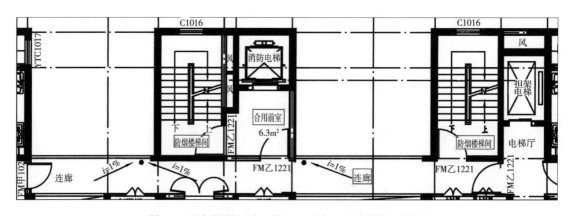

图 1-8　防烟楼梯间独立前室（连廊）及合用前室图示

（2）参照《建规》第 5.5.28 条第 4 款，"三合一"前室就是住宅建筑内两座防烟楼梯间的共用前室与消防电梯合用的前室，如图 1-9 所示。

（3）依据《建通规》第 7.1.13 条，当普通电梯受平面局限难以独立设置时，设置在消防电梯或疏散楼梯间前室内的非消防电梯，防火性能不应低于消防电梯的防火性能要

求，以防止非消防电梯发生火灾影响消防电梯的安全使用，如图 1-10 所示。

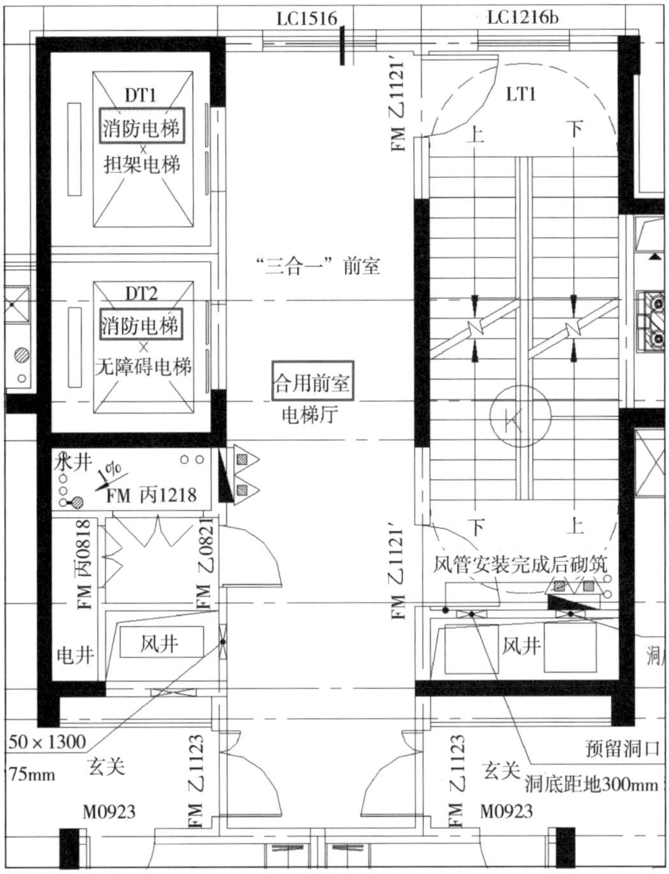

图 1-9　防烟楼梯间（剪刀楼梯）"三合一"前室图示

防烟楼梯间的前室除在建筑首层采用扩大的前室或扩大的合用前室外，在楼层的前室有独立前室、共用前室、合用前室和"三合一"前室共 4 种。防烟楼梯间的前室应具有可靠的防烟性能，使防烟楼梯间具有比封闭楼梯间更好的防烟、防火能力，防火可靠性更高。前室不仅起防烟作用，而且可作为疏散人群进入楼梯间的缓冲空间，同时也可以供灭火救援人员进行进攻前的整装和灭火准备工作。设计时要注意使前室的大小与楼层中疏散进入楼梯间的人数相适应。住宅建筑中防烟楼梯间前室包括开敞式的阳台、凹廊等类似空间。当采用开敞式阳台或凹廊等防烟空间作为前室时，阳台或凹廊等的使用面积也要满足前室的相关要求。

【设计审查要点】

（1）住宅建筑防烟楼梯间前室要求

1）前室的使用面积≥4.5m²，剪刀楼梯间的共用前室使用面积≥6.0m²。

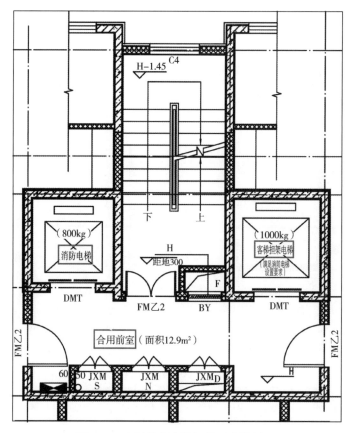

图 1-10　合用前室内设置普通电梯图示

2）住宅户门不宜直接开向前室，确有困难时，每层开向同一前室的户门不应大于 3 樘且应采用乙级防火门。

3）前室上的开口与建筑外墙上的其他相邻开口最近边缘之间的水平距离不应小于 1.0m。

4）开向防烟楼梯间前室或合用前室的户门应为耐火性能不低于乙级的防火门。

5）前室与其他部位的防火分隔不应使用卷帘。

（2）住宅建筑消防电梯前室（合用前室）要求

1）前室在首层应直通室外或经专用通道通向室外，该通道与相邻区域之间应采取防火分隔措施。

2）前室（合用前室）的使用面积≥6.0m²，前室（合用前室）的短边≥2.4m。

3）前室（合用前室）应采用防火门和耐火极限不低于 2.00h 的防火隔墙与其他部位分隔，不应采用防火卷帘或防火玻璃墙等方式替代防火隔墙。

（3）住宅建筑"三合一"前室要求

1）"三合一"前室的使用面积≥12.0m²，且短边≥2.4m。

2）每层开向前室的户门不应大于 3 樘且应采用乙级防火门。

（4）住宅建筑可以将电缆井和管道井的检查门设置在前室或合用前室内，其他建筑的防烟楼梯间前室或合用前室内，不允许开设除疏散门和排烟窗以外的其他开口和管道井的检查门。

【工程案例辨析】某高层住宅楼，建筑面积 10637.6m²，建筑高度 72.0m，地上 23 层，耐火等级为一级，采用剪刀楼梯间，与消防电梯合用前室，开敞阳台处为独立前室，如图 1-11、图 1-12 所示。审查意见中提出：

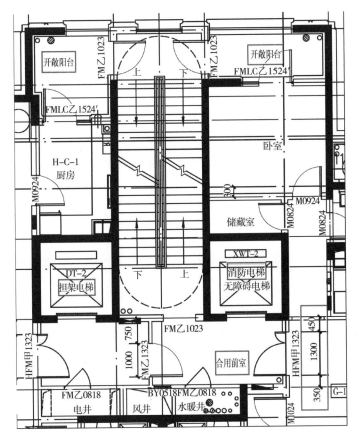

二.	工程概况
2.1	本工程 14#楼。
2.2	总建筑面积:10637.6m²，地上建筑面积:9673.2m²，地下室建筑面积964.4m²，面积分项指标详见附表;
2.3	建筑层数和高度 23层住宅，建筑高度72.0m。
2.4	建筑结构形式: 框架剪力墙结构，结构设计使用年限 50 年，抗震设防烈度7度;
2.5	防火设计的建筑分类为 一类高层住宅，其耐火等级为一级，地下室耐火等级为一级;
2.6	地上部分防火分区及层数，电梯设置: 设有两部防烟楼梯间，直层均有直通室外的出口，满足疏散要求，设一部消防电梯，消防电梯层层设停，设置不小于6m²的合用前室，采用正压送风方式。

图 1-11　某高层住宅楼消防说明

图 1-12　某高层住宅楼剪刀楼梯间详图

1）合用前室的短边小于 2.4m，不符合《建通规》第 2.2.8 条规定。

2）依据《建通规》第 7.3.1 条规定，建筑高度大于 54m 的住宅单元，每层的安全出口不应少于 2 个。整改后的剪刀楼梯间、合用前室、独立前室布置如图 1-13 所示。

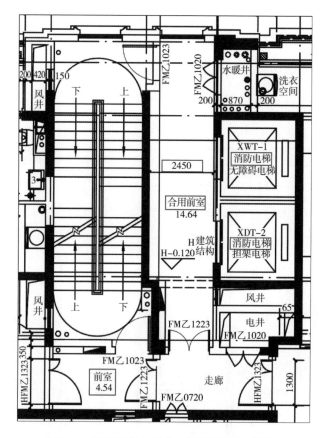

图 1-13　某高层住宅楼剪刀楼梯间修改后详图

【规范条文总结】

（1）住宅建筑（建筑高度≤100m）各前室设置要求区别汇总见表 1-1。

表 1-1　住宅各前室设置要求汇总表

前室类别	前室短边净宽/m	使用面积/m²	前室门	电缆井和管道井门
防烟楼梯间前室	≥1.1	4.5（独立前室） 6.0（共用前室）	乙级防火门	乙级防火门
消防电梯前室	≥2.4	6.0	乙级防火门	不应设置
合用前室	≥2.4	6.0	乙级防火门	乙级防火门
"三合一"前室	≥2.4	12.0	乙级防火门	乙级防火门

（2）住宅建筑（建筑高度≤100m）防烟楼梯间及其前室设置防烟要求区别汇总见表1-2。

表1-2 住宅防烟楼梯间及其前室设置防烟要求汇总表

前室类别	机械加压送风系统	自然通风系统
防烟楼梯间	是（应在其顶部设置≥1.0m²的固定窗。靠外墙的防烟楼梯间，尚应在其外墙上每5层内设置总面积≥2.0m²的固定窗）	应在最高部位设置面积≥1.0m²的可开启外窗或开口；当建筑高度>10m时，尚应在楼梯间的外墙上每5层内设置总面积≥2.0m²的可开启外窗或开口，且布置间隔不大于3层（已修改为非强条）
独立前室	否（仅有一个门开向走道或其他房间） 是（有多个门）	可开启外窗或开口的面积≥2.0m²
消防电梯前室	—	
合用前室	是	可开启外窗或开口的面积≥3.0m²
共用前室	是	

Q7 消防车登高操作场地与消防扑救面设置是什么关系

消防车登高操作场地是为满足消防车到达火场后，供消防车停靠、展开和从建筑外部实施灭火与救援行动的场所，主要供扑救高层建筑火灾和人员救助的登高消防车使用。消防车登高操作场地的大小与建筑高度有关，即与可能到场的消防车类型有关。消防车登高操作场地任何建筑在建造时均应确定其消防扑救面。一座建筑可以将每个立面均作为消防扑救面，但至少应有一个位于建筑长边的立面是消防扑救面。建筑的消防扑救面对应的场地是消防救援场地，其中用于云梯消防车或登高平台消防车等举高类消防车展开登高操作的场地是消防车登高操作场地。

（1）依据《建通规》第3.4.6条，高层建筑应至少沿其一条长边设置消防车登高操作场地。未连续布置的消防车登高操作场地，应保证消防车的救援作业范围能覆盖该建筑的全部消防扑救面。

（2）依据《建规》第7.2.1条，高层建筑应至少沿一个长边或周边长度的1/4且不小于一个长边长度的底边连续布置消防车登高操作场地，该范围内的裙房进深不应大于4m，如图1-14所示。实际工程中建筑平面凹凸不齐，比较复杂，沿长边方向常常设置有障碍物或进深大于 4m 的裙房，影响消防车登高救援，这就需要沿短边方向延长操作场地，以补足长度，如图 1-15 所示。

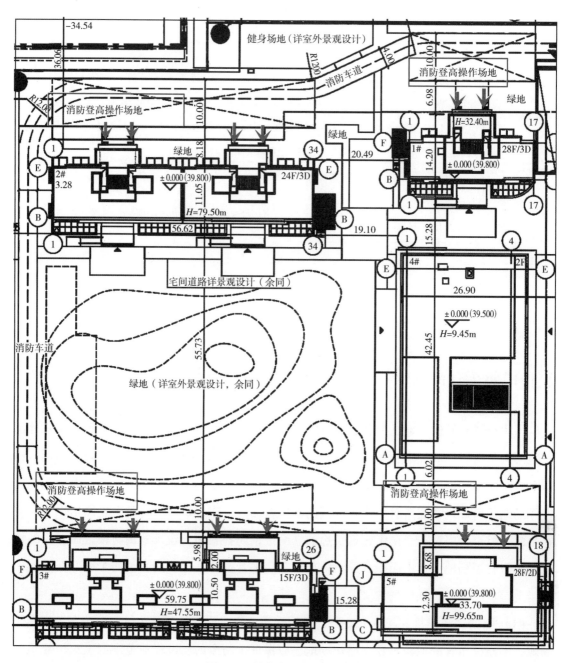

图 1-14　某住宅小区总平面图

《建规图示》推荐的长边不够短边补的做法要保证长边场地和短边场地能连为一个整体。利用短边补长度时，山墙面上要有救援窗，这样登高操作场地才有效，无救援窗就不算登高操作场地。另外山墙的操作场地长度也要满足《建规》第 7.2.2 条的要求。

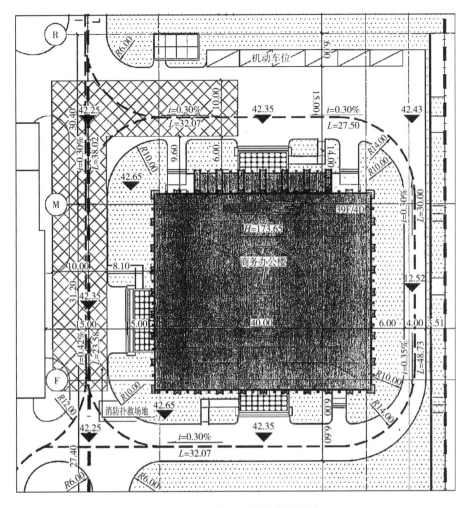

图 1-15 某商务办公楼总平面图

（3）参考《建规指南》第 367 页附图 7.10 提供的长边不够短边补齐的做法，如图 1-16 所示。这个做法中长边场地和短边场地不连续，通过消防车道连接，这样能减少场地铺装面积，但各地审图机构对《建规指南》做法意见不一，所以设计人员应提前做好沟通。

（4）《河南审验指南》对《建通规》第 3.4.6 条中如何确定高层建筑的"全部消防扑救面"的答复指出，"全部消防扑救面"可按以下要求确定：

1）应至少沿高层建筑一个长边或周边长度的 1/4 且不小于一个长边长度的立面连续布置消防扑救面，该范围内的裙房进深不应大于 4m。

2）当沿建筑立面连续布置消防扑救面确有困难时，消防扑救面的布置宜覆盖到高层建筑靠外墙的防火分区，且总长度仍不应小于前款要求，如图 1-17 所示。

3）高层建筑长边立面范围内应布置消防扑救面。消防车登高操作场地的布置应保证消防

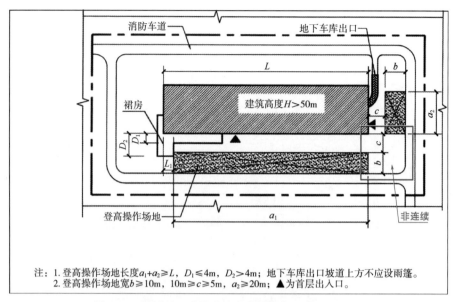

注：1.登高操作场地长度 $a_1+a_2 \geqslant L$，$D_1 \leqslant 4m$，$D_2 > 4m$；地下车库出口坡道上方不应设雨篷。
2.登高操作场地宽 $b \geqslant 10m$，$10m \geqslant c \geqslant 5m$，$a_2 \geqslant 20m$；▲为首层出入口。

图 1-16　矩形平面建筑消防登高操作场地布置示意图

车的救援作业范围能覆盖全部消防扑救面，消防车登高操作场地应符合《建规》第 7.2.2 条的规定。

《河南审验指南》中登高操作场地长短边也是通过消防车道连接的，与《建规指南》做法基本一致。这种布置更加强调高层建筑的每个防火分区应有救援窗与操作场地相对应，体现了消防车的救援作业范围能覆盖该建筑的全部消防扑救面。可以供其他省市在消防审验中参考。

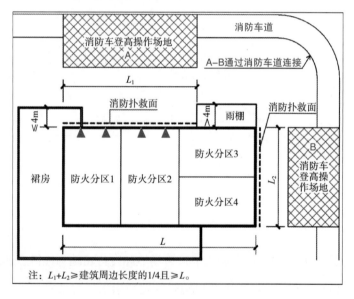

注：$L_1+L_2 \geqslant$ 建筑周边长度的 1/4 且 $\geqslant L$。

图 1-17　非连续消防登高操作场地布置示意图

【设计审查要点】建筑高度 ≤50m 的建筑，连续布置消防车登高操作场地确有困难时，可间隔布置，但间隔距离不宜大于 30m，且消防车登高操作场地的总长度仍应符合规定。消防车登高操作场地与建筑之间不应设置妨碍消防车操作的树木、架空管线等障碍物和车库出入口，场地的长度和宽度分别不应小于 15m×10m，对于建筑高度大于 50m 的建筑，场地的长度和宽度分别不应小于 20m×10m，场地应与消防车道连通，场地靠建筑外墙一侧的边缘距离建筑外墙不宜小于 5m，且不应大于 10m，场地的坡度不宜大于 3%。建筑物与消防车登高操作场地相对应的范围内，应设置直通室外的楼梯或直通楼梯间的入口。

【工程案例辨析】某小区高层住宅楼，住宅楼 A2-a 高度 87.6m，A2-b 高度 82.7m，其中底部两层为商业，消防登高场地布置如图 1-18 所示。存在的主要问题：

1）消防车登高操作场地不连续，不利于不同位置发生火灾后的实际灭火救援。

2）如果火灾发生在图 1-18 所示的高层建筑西侧的楼层，则无法实施外部灭火救援。

审查意见提出应重新布置消防登高场地。

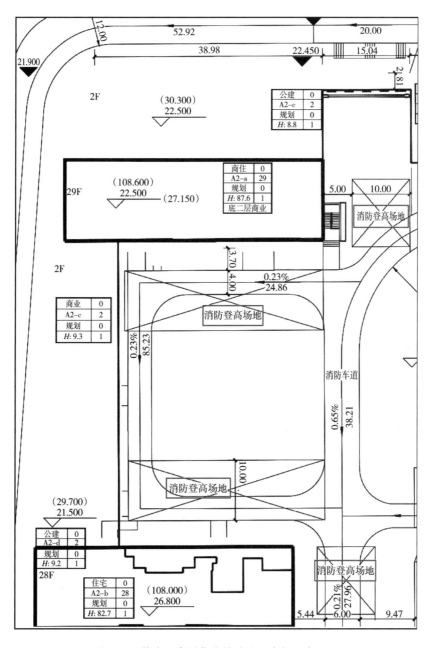

图 1-18　某小区高层住宅楼消防登高场地布置图

Q8 消防车转弯半径与消防车道的转弯半径是什么关系

首先应该明确的是"汽车的转弯半径"与"车道的转弯半径"是两个不同的概念。由于不同尺寸的机动车最小转弯半径不同，因此场地内道路最小转弯半径应依据通行的机动车最小转弯半径进行设计。消防车道转弯半径与消防车的尺寸有关，由于当前在城市居住区或某些工业区域内的消防车道，需要利用城市道路或居住小区内的公共道路，而消防车按照轻、中和重三种系列，转弯半径通常为 9~12m。因此，无论是专用消防车道还是兼作消防车道的其他道路或公路，均应满足消防车的转弯半径要求，车道的转弯半径约为 6~9m。

（1）参考《广东审查解析》规定，转弯半径（r）是指道路转弯处倒圆角的半径。高层建筑宜考虑大型消防车辆灭火救援作业，建筑高度大于 100m 的建筑，应考虑重型消防车辆灭火救援作业。消防车道的转弯半径首先应根据当地消防救援车辆的实际情况确定，原则上多层建筑消防车道转弯半径不应小于 9m；高层建筑消防车道转弯半径不应小于 12m；建筑高度大于 100m 时，消防车道转弯半径不宜小于 18m。

（2）参考《石家庄审查导则》规定，消防车道供消防车应急使用，存在诸多不确定因素，实际应用中，有必要适当加大转弯半径，消防车道的内半径，可直接按消防车转弯半径确定：普通消防车的转弯半径为 9m，登高车的转弯半径为 12m。对于确有困难的特殊场所，与消防车最小转弯半径（9m、12m）相对应的消防车道内半径一般为 7m、10m，具体应用尚需满足当地应急救援车辆的要求。

（3）参考《深圳疑难解析》规定，消防车道转弯半径是指消防车道的内径。多层、高层、超高层建筑的消防车道转弯半径均应 ≥12m。

（4）参照《车库规》第 4.1.4 条，消防车环形车道平面图布置如图 1-19 所示。消防车的环形车道最小外半径（R_0）和内半径（r_0）的尺寸应按式（1-2）、式（1-3）计算。

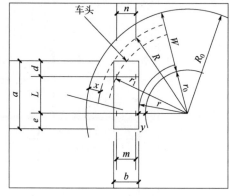

$$W = R_0 - r_0 \qquad (1-1)$$

$$R_0 = R + x \qquad (1-2)$$

$$r_0 = r - y \qquad (1-3)$$

$$R = \sqrt{(L+d)^2 + (r+b)^2} \qquad (1-4)$$

$$r = \sqrt{r_1^2 - L^2} - \frac{b+n}{2} \qquad (1-5)$$

图 1-19　消防车环形车道平面图

式（图）中　a——消防车长度；

　　　　　　b——消防车宽度；

　　　　　　d——前悬尺寸；

　　　　　　e——后悬尺寸；

　　　　　　L——轴距；

　　　　　　n——前轮距；

　　　　　　r_1——机动车最小转弯半径；

　　　　　　R_0——环形车道外半径；

　　　　　　r_0——环形车道内半径；

　　　　　　R——消防车环行外半径；

　　　　　　r——消防车环行内半径；

　　　　　　W——环形车道最小净宽；

　　　　　　x——消防车环行时最外点至环道外边安全距离；

　　　　　　y——消防车环行时最内点至环道内边安全距离。

取某品牌城市主战消防车（压缩空气泡沫消防车）：车身尺寸（mm）$a \times b \times h = 9110 \times 2500 \times 3370$，轴距 4725mm，前悬/后悬 1400/2415mm，前轮距/后轮距 2066/1802mm，如图 1-20 所示，分别作如下计算：

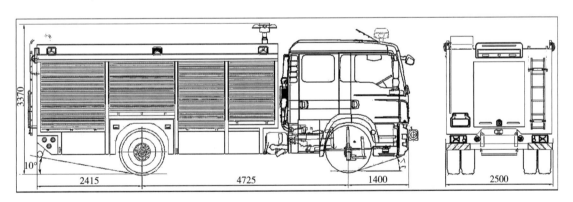

图 1-20　某品牌城市主战消防车外形图

1）已知消防车最小转弯半径 $r_1 = 12$m，根据上述公式，得出通道最小宽度 $W = 4.56$m，消防车环形外半径 $R = 12.81$m，消防车环形内半径 $r = 8.64$m，环形车道外半径 $R_0 = 13.06$m，环形车道内半径 $r_0 = 8.50$m。

2）已知消防车道宽度 $W = 4.00$m，根据上述公式，得出消防车最小转弯半径 $r_1 = 18.6$m，环形车道内半径 $r_0 = 15.47$m。

根据以上计算可知：消防车在车型确定、限定车速的情况下，消防车在宽度为 4.6m、内半径为 8.5m 的环形车道上可以顺利通行，在通道宽度为 4.0m、内半径大于 15.5m 的环形车道上可以顺利通行。由此可知，在消防车道路宽 4.0m 的条件下，消防车道转弯半径应根据当地执勤消防车的具体尺寸，参考规范的计算方法来确定消防车道的最小转弯半径，以及调整通道宽度。

【设计审查要点】用于通行消防车的道路的净宽度、净高度、转弯半径和路面的承载能力要根据需要通行的消防车的基本参数确定，对于需要利用消防车道作为救援场地时，道路与建筑外墙的距离、扑救范围内的空间还应满足方便消防车安全救援作业的要求。航站楼消防车道的净宽度和净空高度均不宜小于 4.5m，消防车道的转弯半径不宜小于 9.0m；消防车道出入飞机库的门净宽度不应小于车宽加 1.0m 门净高度不应低于车高加 0.5m，且门的净宽度和净高度均不应小于 4.5m，消防车道的净宽度不应小于 6.0m，消防车道上空 4.5m 以下范围内不应有障碍物。

【工程案例辨析】某医院改扩建工程，包括 4 层门诊楼（$H = 21.0m$）、13 层医技病房楼（$H = 58.0m$）、4 层办公楼（$H = 17.50m$）、5 层养老中心（$H = 19.20m$）和 5 层康复楼（$H = 19.90m$），消防车道净宽度 4m 和 6m，消防车道转弯半径分别为 5.00m、6.00m、9.00m 和 15.00m，布置如图 1-21 所示。由于医技病房楼为大于 50m 的一类高层公共建筑，消防车参照徐工 DG54 型登高平台消防车技术参数：车身尺寸（mm）$a \times b \times h = 11760 \times 2500 \times 4000$，轴距（$1700 + 4300 + 1350$）mm，前悬/后悬 1440/2970mm，前轮距/后轮距 2096/1804mm，分别作如下计算，详见表 1-3。

表 1-3　登高平台消防车所需最小车道净宽

环形车道内半径 r_0/m	环形车道外半径 R_0/m	消防车环形外半径 R/m	消防车环形内半径 r/m	消防车道宽度 W/m
5.00	11.97	11.72	5.25	6.97
6.00	12.65	12.40	6.25	6.65
9.00	14.92	14.67	9.25	5.92
15.00	20.06	19.81	15.25	5.06

从表 1-3 可以看出，在消防车车型确定的情况下，当消防车道转弯半径 ≤6.0m 时，消防车道净宽度应 ≥7.0m，当消防车道转弯半径 ≥9m 时，消防车道净宽度应 ≥6.0m。由此可知，在本案例消防车道净宽为 4.0m 的条件下，登高平台消防车无法顺利通行，在消防车道净宽为 6.0m，转弯半径不小于 9m 的条件下，登高平台消防车可顺利通行。应根据当地执勤消防车的具体尺寸，参考以上计算结果来调整消防车道的最小转弯半径或消防车道宽度。

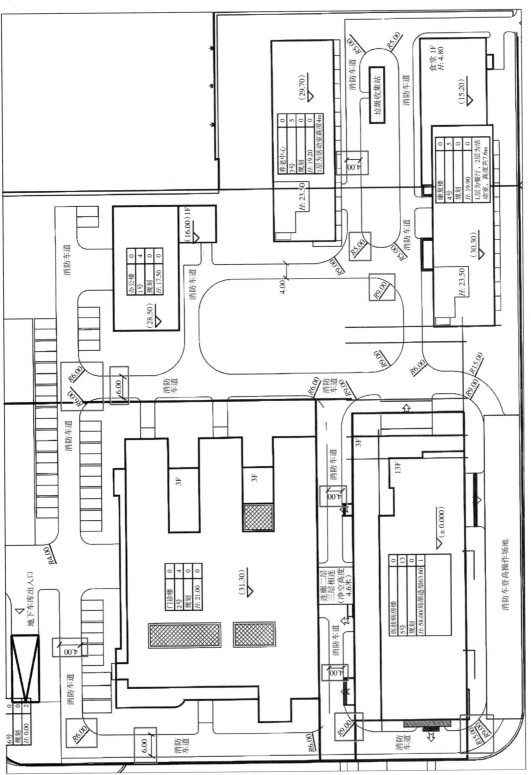

图 1-21 某医院改扩建消防车道布置图

Q9 疏散用的楼梯间指的是哪种楼梯间? 敞开楼梯能否作为疏散楼梯间

疏散楼梯间的形式有敞开楼梯间、封闭楼梯间、防烟楼梯间、室外疏散楼梯,公共建筑疏散楼梯间的形式取决于建筑的使用功能、高度或层数、疏散人数等因素。通常层数较多或建筑高度较高、火灾危险性大、人员密集度高、人员对疏散环境生疏或人员疏散能力较低、疏散路线较长或较复杂的建筑,要优先选择防烟性能较高的疏散楼梯间。

(1) 参照《大连审验指南》释疑:敞开楼梯是开口宽度较大或两面及以上无分隔墙体或围护结构不符合防火要求的楼梯。除室外疏散楼梯外,敞开楼梯一般不能作为疏散楼梯。敞开楼梯间是由墙体等围护构件构成的无封闭防烟功能,三面有墙围护,面向走道一侧敞开的楼梯间,敞开楼梯间梯井不宜过宽,当梯井宽度大于 500mm 时应认定为敞开楼梯,如果采用实墙体封闭梯井,则仍可作为敞开楼梯间,敞开楼梯间面向疏散走廊一侧的开口宽度不应大于楼梯间周长的 1/4。

(2) 参照《吉林防火标准》释疑:敞开楼梯间是三面有墙体围护,一面敞开,且敞开长度不大于其周长 1/4 的楼梯间;敞开楼梯是没有墙体围合,或有围合墙体但敞开长度大于楼梯间周长 1/4 的楼梯。

(3) 参照《建通规指南》释疑,敞开楼梯间是指在楼梯周围具有三面封闭围护、一面开敞的楼梯间,开敞面与疏散走道等直接相通,主要用于火灾危险性较低的多层建筑。敞开楼梯间应注意与敞开楼梯的区别。敞开楼梯是开口宽度较大,或楼梯周围两面及以上无分隔墙体,或围护结构不符合防火要求的楼梯。除室外楼梯外,敞开楼梯不能用作建筑的室内疏散楼梯。

室外疏散楼梯是楼梯一边或两边靠建筑外墙布置,各楼梯段、楼梯休息平台均位于室外,临空部位均设置防护设施,用于人员疏散的楼梯。对于厂房,可以用室外楼梯取代防烟楼梯间或封闭楼梯间。但对于一类高层公共建筑和住宅建筑不能用室外楼梯取代防烟楼梯间或封闭楼梯间,甚至不能取代敞开楼梯间,因为室外楼梯属于敞开楼梯。所以,规范没有明确规定可以使用室外楼梯的建筑,都不能用室外楼梯取代规范条文中规定的防烟楼梯间或封闭楼梯间。室外楼梯是一种独立的楼梯形式,属于敞开楼梯,不是防烟楼梯间,不是封闭楼梯间,甚至不算楼梯间。

【设计审查要点】工业与民用建筑疏散楼梯间或疏散楼梯设置形式的基本要求如下:

(1) 敞开楼梯间适用范围及设计要求见表 1-4。

表 1-4　敞开楼梯间适用范围及设计要求

建筑分类	高度 H、埋深 h 和层数 n	设计要求
住宅建筑	$H \leq 21m$（电梯井与疏散楼梯未相邻布置） $H \leq 33m$（户门为乙级防火门）	一般规定： 1. 楼梯间应能天然采光和自然通风，并宜靠外墙设置。靠外墙设置时，楼梯间、前室及合用前室外墙上的窗口水平距离两侧门、窗、洞口的最近边缘不应小于 1.0m 2. 楼梯间内不应设置烧水间、可燃材料储藏室、垃圾道 3. 楼梯间内不应有影响疏散的凸出物或其他障碍物 4. 楼梯间内不应敷设甲、乙、丙类液体管道 特殊规定： 1. 住宅建筑的敞开楼梯间内不宜设置可燃气体管道和可燃气体计量表。必须设置时，应采用金属管并设置切断气源的阀门 2. 公共建筑的敞开楼梯间内不应设置可燃气体管道
公共建筑	$n \leq 5$ 层的一般公建，不包括： 1. 医院建筑、宿舍、旅馆、老年人照料设施 2. 设置歌舞娱乐放映游艺场所的建筑 3. 商店、图书馆、展览建筑、会议中心及类似使用功能的建筑	
厂房、仓库	丁、戊类多层厂房 多层仓库	

（2）封闭楼梯间适用范围及设计要求见表 1-5。

表 1-5　封闭楼梯间适用范围及设计要求

建筑分类	高度 H、埋深 h 和层数 n	设计要求
住宅建筑	$H \leq 21m$（且电梯井与疏散楼梯相邻布置） $21m < H \leq 33m$ 地下（半地下）建筑	封闭楼梯间除应符合敞开楼梯间的一般规定外，尚应符合下列规定： 1. 楼梯间的首层可将走道和门厅等包括在楼梯间内，形成扩大的封闭楼梯间，但应采用乙级防火门等措施与其他走道和房间隔开 2. 除楼梯间的出入口和外窗外，楼梯间的墙上不应开设其他门、窗、洞口 3. 高层建筑、人员密集的公共建筑、人员密集的多层丙类厂房、甲、乙类厂房，其封闭楼梯间的门应采用乙级防火门，并应向疏散方向开启；其他建筑，可采用双向弹簧门 4. 不能自然通风或通风不能满足要求时，应按设置机械加压送风系统或防烟楼梯间的要求设置 5. 封闭楼梯间不应设置卷帘 6. 封闭楼梯间内不应设置甲、乙、丙类液体管道
公共建筑	地下（半地下）建筑 裙房 $24m < H \leq 32m$ 的二类高层建筑 下列多层公共建筑（除与敞开式外廊直接相连的楼梯间外）： 医院建筑、宿舍、旅馆、老年人照料设施 设置歌舞娱乐放映游艺场所的建筑 商店、图书馆、展览建筑、会议中心及类似使用功能的建筑 $n \geq 6$ 的其他多层建筑 专业规范规定： 档案馆的档案库 汽车库、修车库（包括地下汽车库） 图书馆的书库，非书资料库 博物馆藏品库区	
厂房	高层厂房和甲、乙、丙类多层厂房	可采用室外疏散楼梯（视为封闭楼梯间）

（3）防烟楼梯间适用范围及设计要求见表1-6。

表1-6　防烟楼梯间适用范围及设计要求

建筑分类	高度 H、埋深 h 和层数 n	设计要求
住宅建筑	$H>33m$（户门为乙级防火门） $n\geq3$ 层或 $h>10m$（地下或半地下建筑）	防烟楼梯间除应符合敞开楼梯间的一般规定外，尚应符合下列规定： 1. 防烟楼梯间及其前室不应设置卷帘 2. 防烟楼梯间及其前室内禁止穿过或设置可燃气体管道 3. 应设置防烟设施 4. 在楼梯间入口处应设置前室等，前室可与消防电梯间前室合用
公共建筑	一类高层建筑 $H>32m$ 的二类高层建筑 $n\geq3$ 层或 $h>10m$（地下或半地下建筑） $H>24$ 的老年人照料设施 专业规范规定： 1）$H>32m$ 的宿舍； 2）$H>32m$ 的高层汽车库	5. 前室的使用面积：公共建筑不应小于 $6.0m^2$；居住建筑不应小于 $4.5m^2$。合用前室的使用面积：公共建筑和高层厂房（仓库）不应小于 $10.0m^2$；住宅建筑不应小于 $6.0m^2$ 6. 疏散走道通向前室以及前室通向楼梯间的门应采用乙级防火门 7. 除楼梯间和前室出入口、楼梯间和前室内设置的正压送风口和住宅建筑的楼梯间前室外，防烟楼梯间和前室的墙上不应开设其他门、窗、洞口 8. 楼梯间的首层可将走道和门厅等包括在楼梯间前室内，形成扩大的前室，但应采用乙级防火门等措施与其他走道和房间隔开
厂房	$H>32m$，且任一层人数超过10人的厂房	可采用室外疏散楼梯（视为防烟楼梯间）

【工程案例辨析】某中心小学食堂，地上2层，建筑高度10.30m，建筑总面积 $1360.77m^2$，耐火等级二级，食堂就餐人数500人，二层设有二部敞开楼梯间，布置如图1-22所示。审查意见中提出：食堂第二层面积大于 $200m^2$，且人数超过50人，其安全出口的数量应经计算确定，且不应少于2个。楼梯2只有二面有墙体围护，二面敞开，属于敞开楼梯，不能算作建筑的室内疏散楼梯间。整改措施：在楼梯侧边栏杆处设置符合防火要求的分隔墙体。

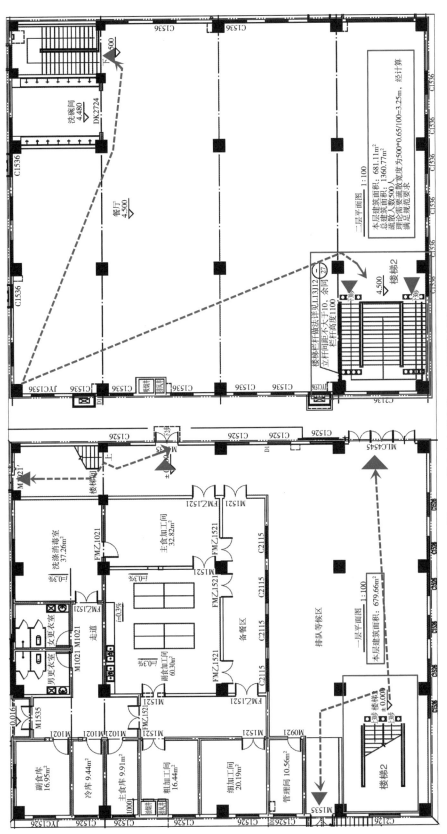

图 1-22　某中心小学食堂一、二层平面图

Q10 哪些类别的场所属于儿童活动场所

参照《山东指引》释疑：儿童活动场所，指用于12周岁及以下儿童游艺、非学制教育和培训等活动的场所，如儿童游乐厅、儿童乐园、儿童早教中心、儿童教育培训学校、亲子园、午托、日托机构举办儿童特长培训班等类似用途的场所均属于儿童活动场所。

（1）参照《湖北审验指南》释疑：儿童活动场所指用于婴幼儿保育、小学学制教育、12周岁及以下儿童或少儿游艺、休息和校外培训等活动的场所。包括幼儿园和托儿所内的婴幼儿活动、游艺和休息的场所、亲子园、儿童福利院、孤儿院的儿童用房、儿童游乐厅、儿童乐园、儿童早教中心、小学校的教学用房、儿童教育培训学校、午托、日托机构举办儿童特长培训班等类似用途的活动场所。

（2）参考《建通规》第4.3.4条条文说明：儿童活动场所是指供12周岁及以下婴幼儿和少儿活动的场所，包括幼儿园、托儿所中供婴幼儿生活和活动的房间，设置在建筑内的儿童游乐厅、儿童乐园、儿童培训班、早教中心等儿童游乐、学习和培训等活动的场所，不包括小学学校的教室等教学场所。

【设计审查要点】

1）儿童活动场所是指用于12周岁及以下儿童（非学制）教育、游戏、娱乐、培训等活动的场所。对于用于12周岁以上的培训机构，不属于儿童活动场。

2）儿童活动场所不应布置在地下室或半地下室，对于一、二级耐火等级建筑，应布置在首层、二层或三层。

【工程案例辨析】某高层办公楼，改造后在第三层局部设艺术类儿童培训学校，建筑面积885m²，耐火等级二级，为了满足2个安全出口的要求，三层增设一部室外疏散楼梯，另一部疏散楼梯与原办公楼共用，布置如图1-23所示。审查意见中提出：

1）该艺术培训学校属于儿童活动场所，当艺术培训班位于走道尽端时，疏散门不应少于2个。

2）位于高层建筑内的儿童活动场所，安全出口和疏散楼梯应独立设置。对于非儿童活动场所，依据《建通规》第7.4.2条规定的放宽条件，当房间位于走道尽端且建筑面积不大于200m²、房间内任一点至疏散门的直线距离不大于15m、疏散门的净宽度不小于1.40m时，可设置1个疏散门。

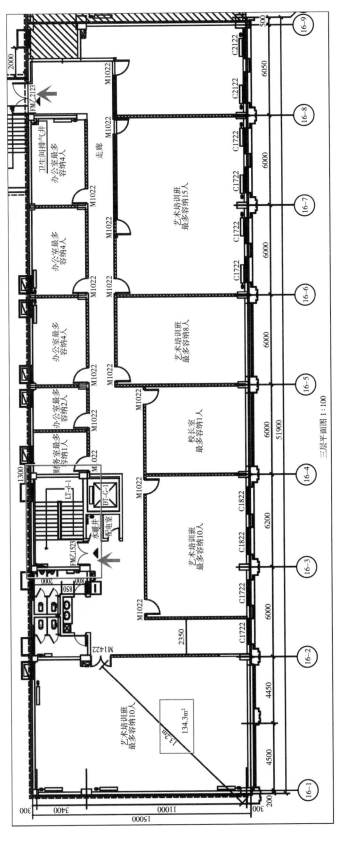

图 1-23　某艺术类儿童培训学校三层平面图

Q11 密室逃生、剧本杀能否不按照歌舞娱乐游艺放映场所进行防火设计

近年来，以"剧本杀""密室逃脱"等角色扮演的剧本娱乐经营场所快速发展，因其场所的特殊性以及缺少相应的建筑防火设计标准，容易出现火灾隐患。为严防密室逃脱、剧本杀等新型娱乐场所带来的火灾风险，根据文化和旅游部、公安部、住房和城乡建设部、应急管理部、市场监管总局《关于加强剧本娱乐经营场所管理的通知》（文旅市场发〔2022〕70号）有关规定，为明确剧本杀、密室逃脱等剧本娱乐经营场所有关消防安全要求，强化安全主体责任，提升消防安全管理水平，国家消防救援局、文化和旅游部联合制定了《剧本娱乐经营场所消防安全指南（试行）》，首次将剧本杀、密室逃脱等剧本娱乐经营场所新业态纳入管理范围。

（1）参照《四川审查要点》规定：密室逃脱、剧本杀等场所按歌舞娱乐放映游艺场所的要求执行，且应采取防火分隔措施（耐火极限不低于2.00h的防火隔墙、乙级防火门或符合《建规》第6.5.3条规定的防火卷帘和耐火极限不低于1.00h的不燃性楼板）与其他功能用房完全分隔。

（2）参照《浙江消防指南》规定：密室逃生等场所属于公共娱乐场所，可不按歌舞娱乐放映游艺场所设计，与其他功能用房之间应采取防火分隔措施。

（3）参照《乌鲁木齐审查汇编》规定：密室逃生、剧本杀等特定场所的消防设计应符合《剧本娱乐消防指南》（消防〔2023〕26号）的有关要求，同时应按照歌舞娱乐放映游艺场所进行防火设计。

（4）参照《海南审验解答》规定：密室逃生、剧本杀等场所属于非歌舞娱乐放映游艺的公共娱乐场所，可不按歌舞娱乐放映游艺场所进行消防设计。但应符合《剧本娱乐消防指南》（消防〔2023〕26号）的有关要求。

对密室逃脱、剧本杀等场所是否按歌舞娱乐放映游艺场所的要求执行，各地方规定不一致，四川、乌鲁木齐等地认为密室逃脱类场所的火灾诱发因素多，火灾负荷高，且自带游艺属性，应属于公共娱乐场所中的歌舞娱乐放映游艺场所，而浙江、海南等地则认为密室逃生、剧本杀等场所属于非歌舞娱乐放映游艺的公共娱乐场所，可不按歌舞娱乐放映游艺场所进行消防设计，但应符合《剧本娱乐消防指南》（消防〔2023〕26号）的有关要求。对比《建通规》对歌舞娱乐放映游艺场所的防火要求和《剧本娱乐消防指南》对剧

本杀、密室逃脱等剧本娱乐经营场所的要求详见表 1-7。

表 1-7　歌舞娱乐放映游艺场所与密室逃脱等场所防火要求对比

防火设置要求	《建通规》和《建规》对歌舞娱乐放映游艺场所的布置要求	《剧本娱乐消防指南》对剧本杀、密室逃脱等剧本娱乐经营场所要求
平面布置和防火分隔	应布置在地下一层及以上且埋深不大于 10m 的楼层；当布置在地下一层或地上四层及以上楼层时，每个房间的建筑面积不应大于 200m²；房间之间应采用耐火极限不低于 2.00h 的防火隔墙分隔；与建筑的其他部位之间应采用防火门、耐火极限不低于 2.00h 的防火隔墙和耐火极限不低于 1.00h 的不燃性楼板分隔	不得设置在地下二层及以下楼层；经营服务对象主要为儿童的场所不得设置在地下、半地下或地上四层及以上楼层；场所的疏散走道两侧应设置耐火极限不低于 1.00h 的防火隔墙分隔。场所与所在建筑内其他功能场所应采取有效的防火分隔措施，当确需局部连通时，墙上开设的门、窗应采用乙级防火门、窗或防火卷帘分隔
安全疏散	设置歌舞娱乐放映游艺场所的多层建筑，室内疏散楼梯均应为封闭楼梯间；每个防火分区或一个防火分区的每个楼层的安全出口不应少于 2 个；房间疏散门不应低于乙级防火门的要求。房间的建筑面积不大于 50m² 且经常停留人数不大于 15 人的，可设置 1 个疏散门	建筑面积大于 50m² 的房间，其疏散门数量不应少于 2 个。疏散门净宽度不应小于 0.90m，疏散走道和楼梯宽度不应小于 1.10m
装饰装修	顶棚装修材料的燃烧性能应为 A 级；其他部位装修材料的燃烧性能均不应低于 B₁ 级；设置在地下或半地下时，墙面装修材料的燃烧性能应为 A 级	不得采用易燃可燃材料装修装饰。场所室内装修材料应符合《装修规》的有关规定
自动喷水灭火系统	设置在地下或半地下、多层建筑的地上第四层及以上楼层、高层民用建筑内的歌舞娱乐放映游艺场所；设置在多层建筑第一层至第三层且楼层建筑面积大于 300m² 的地上歌舞娱乐放映游艺场所应设置自动喷水灭火系统	设置在首层、二层和三层且任一层建筑面积大于 300m²，或设置在地下、半地下，或设置在地上四层及以上楼层的场所应设置自动喷水灭火系统
火灾自动报警系统	应设置火灾自动报警系统	应设置火灾自动报警系统
排烟设施	设置在地下或半地下、地上第四层及以上楼层，设置在其他楼层且房间总建筑面积大于 100m² 的歌舞娱乐放映游艺场所应采取排烟等烟气控制措施	建筑面积 50m² 以上的房间、建筑内长度大于 20m 的疏散走道应具备自然排烟条件或设置机械排烟设施

（续）

消防应急照明和疏散指示标志	应在疏散走道和主要疏散路径的地面上增设能保持视觉连续的灯光疏散指示标志或蓄光疏散指示标志	场所应设置满足照度要求的消防应急照明灯和灯光疏散指示标志

【设计审查要点】

1）保龄球、台球、飞镖、真人 CS、蹦床、室内卡丁车等场所属于非歌舞娱乐放映游艺的公共娱乐场所，可不按歌舞娱乐放映游艺场所进行消防设计。

2）密室逃生、剧本杀、电竞酒店、密室逃生、足疗店、汗蒸房、私人影院（影咖）、带演艺功能的餐厅等其防火设计应符合歌舞娱乐放映游艺场所的要求。

第2章

厂房和仓库

◀第1节　火灾危险性分类和耐火等级▶

Q12 厂房（仓库）火灾危险性分类和耐火等级与哪些因素有关

（1）厂房和仓库的火灾危险性分类是根据生产和储存物质的火灾危险性，定性或定量地规定生产和储存建筑的火灾危险性分类。生产的火灾危险性分类一般要按其中最危险的物质确定，通常可根据生产中使用的全部原材料的性质、生产中操作条件的变化是否会改变物质的性质、生产中产生的全部中间产物的性质、生产的最终产品及其副产品的性质和生产过程中的自然通风、气温、湿度等环境条件因素分析确定，同时兼顾生产的实际使用量或产出量。储存物品的分类方法主要依据物品本身的火灾危险性，并参照《危险货物运输规则》中有关内容执行。《建规》第3.1.1条、第3.1.3条将厂房和仓库的火灾危险性分为甲、乙、丙、丁、戊共五类。厂房和仓库的火灾危险性既有相同之处，又有所区别。如甲、乙、丙类液体在高温、高压生产过程中，实际使用时的温度往往高于液体本身的自燃点，当设备或管道损坏时，液体喷出就会着火。有些生产的原料、成品的火灾危险性较低，但当生产条件发生变化或经化学反应后产生了中间产物，则可能增加火灾危险性。例如，可燃粉尘静止时的火灾危险性较小，但在生产过程中，粉尘悬浮在空气中并与空气形成爆炸性混合物，遇火源则可能爆炸着火，而这类物品在储存时就不存在这种情况。与此相反，桐油织物及其制品，如堆放在通风不良地点，受到一定温度作用时，则会缓慢氧化、积热不散而自燃着火，因而在储存时其火灾危险性较大，而在生产过程中则不存在此种情形。

（2）厂房（仓库）的耐火等级或其结构的耐火性能，应与其火灾危险性，建筑规模（层数、面积等）、建筑高度、使用功能和重要性，火灾扑救难度等相适应。厂房（仓库）的整体耐火性能是保证厂房和仓库在火灾时不发生较大破坏或垮塌的根本，建筑结构或构件的燃烧性能和耐火极限是确定建筑整体耐火性能的基础。采用耐火等级对厂房（仓库）的耐火性能进行分级，可以更合理地确定不同类别厂房（仓库）的防火要求。《建规》第3.2.1条将厂房（仓库）的耐火等级分为一级、二级、三级、四级。

（3）《通规》第5.2.1条规定，下列工业建筑的耐火等级应为一级：

1）建筑高度>50m的高层厂房。

2）建筑高度>32m的高层丙类仓库，储存可燃液体的多层丙类仓库，每个防火分隔间建筑面积>3000m² 的其他多层丙类仓库。

3）Ⅰ类飞机库。

（4）《通规》第5.2.2条规定，下列工业建筑的耐火等级不应低于二级：

1）建筑面积>300m² 的单层甲、乙类厂房，多层甲、乙类厂房。

2）高架仓库。

3）Ⅱ、Ⅲ类飞机库。

4）使用或储存特殊贵重的机器、仪表、仪器等设备或物品的建筑。

5）高层厂房、高层仓库。

（5）《通规》第5.2.3条规定，下列工业建筑的耐火等级不应低于三级：

1）建筑面积≤300m² 的单层甲、乙类厂房。

2）单、多层丙类厂房。

3）多层丁类厂房。

4）单、多层丙类仓库。

5）多层丁类仓库。

【设计审查要点】同一厂房（仓库）中，允许存在不同火灾危险性分类的防火分区，但整体建筑的火灾危险性分类应按最大的部分确定（特殊规定除外）。建筑的耐火等级、最多允许层数以及防火分区面积等，都应按火灾危险性最大的部分确定。

【工程案例辨析】某汽车铝轮生产车间，建筑面积16224.0m²，高度10.5m，地上1层，使用用途为汽车铝轮生产，生产的火灾危险性为戊类，耐火等级为二级，工程概况如图2-1说明。审查意见中提出：汽车铝轮生产过程中，会产生大量的铝屑粉，铝在块状时并不燃烧，但在粉尘状态时则能够爆炸燃烧。属于《建规》第3.1.1条乙类第6项中"生产中可燃物质的粉尘、纤维、雾滴悬浮在空气中与空气混合，当达到一定浓度时，遇火源立即引起爆炸"。因此，应按照生产的火灾危险性乙类进行防火防爆设计。

一、工程概况：

1、工程名称：　　　车轮智造科技有限公司A2#厂房；
2、建设地点：
3、建设单位：　　　车轮智造科技有限公司；
4、建筑面积：A2#厂房建筑面积16224.00平方米；
5、建筑层数：A2#厂房一层；
6、檐高：10.50m；
7、结构形式：A2#厂房为门式刚架结构；
8、生产类别：A2#厂房为汽车铝轮生产车间，生产类别为戊类；本车间同时作业人数为10～15人；
　　故本车间为非人员密集场所；
9、耐火等级：二级；要求柱2.5h、梁1.5h、檩条1.0h、不燃性外墙0.25h，建筑构件燃烧性能等级为A级
　　本建筑无内部装修工程；
10、建筑等级：三级，建筑合理使用年限50年。

图 2-1　某汽车铝轮生产车间建筑说明

【火灾事故警示】铝粉爆炸事故案例

1963 年 6 月 16 日，天津铝制品厂磨光车间吸尘管道突然发生爆炸，整个车间及相邻的包装车间共 678m² 厂房顿时被炸毁，造成了 19 人死亡，24 人受伤。事故发生的直接原因是通风吸尘设备的风机制造不良，摩擦发火，引起吸尘管道内铝粉发生剧烈爆炸。这是新中国成立以来发生的第一起铝粉爆炸事故。

2009 年 3 月 11 日，江苏省镇江市丹阳市吕城镇租住的生活用房，为原制造铝粉的废弃厂房，在工人入住后，废弃厂房残留的铝粉因受潮热积累的原因起火，并导致爆炸，造成 11 人死亡、20 人受伤。

2011 年 4 月 1 日，浙江宏威车业有限公司零件抛光车间发生爆炸事故，造成 3 人死亡、3 人受伤。事故直接原因是车间内排风扇安装松动、电线短路引发车间内铝粉爆炸。

2012 年 8 月 5 日，温州市铝锁抛光加工车间发生爆炸事故，爆炸面积约 200m²，造成 13 人死亡、15 人受伤。据报告调查称，该加工车间在铝制门把手抛光过程中因积累的铝粉尘而发生爆炸。

2014 年 8 月 2 日，江苏省昆山开发区中荣金属制品有限公司的汽车轮毂抛光车间生产过程中发生爆炸事故，造成 75 人死亡，185 人受伤。据"昆山 8.2 报告"公布，事故车间为铝合金汽车轮毂打磨车间，原设计生产的火灾危险性为戊类，实际使用应为乙类，导致一层原设计泄爆面积不足，疏散楼梯未采用封闭楼梯间，贯通上下两层。现场除尘系统吸风量不足，不能有效抽出除尘管道内粉尘。同时，企业未按规定及时清理粉尘，造成除尘

管道内和作业现场残留铝粉尘过多，加大了爆炸威力。

2016年4月29日，深圳市光明新区精艺星五金加工厂发生铝粉尘爆炸事故，造成4人死亡、6人受伤。事故企业主要从事自行车铝合金配件抛光业务，未按标准规范设置除尘系统，采用轴流风机经矩形砖槽除尘风道，将抛光铝粉尘正压吹送至室外的沉淀池。据报告调查分析，这起事故是在砖槽除尘风道内发生铝粉尘初始爆炸，引起厂房内铝粉尘二次爆炸，造成严重事故。

2021年11月20日，深圳市宝安区五金制品厂发生铝粉尘爆燃事故，造成7人不同程度烧伤。这个企业主要生产五金制品（自行车配件），发生爆燃部位为该公司的打磨车间，主要从事铝制配件的打磨抛光作业。经现场勘查分析，事故原因推断为员工打磨作业产生了大量铝粉尘，抽排时因采集管道内粉尘浓度过高达到极限后，遇静电引发爆燃。

2023年7月4日，东莞市长安镇华茂电子集团生产基地发生粉尘爆燃事故，事故造成1人重伤、2人轻伤。事故发生在华茂公司打磨车间，涉粉工艺为去毛刺和打磨抛光，产生的粉尘主要为铝合金粉尘（Al含量97.7%，Mg含量0.83%）。事故发生时，共有11人在打磨车间进行打磨抛光和去毛刺作业。

2024年1月20日，常州市武进区常州燊荣金属科技有限公司生产车间发生粉尘爆炸，共造成8人死亡、8人轻伤。经调查认定，事故的直接原因是未按生产设备的设计要求作业，导致生产现场铝合金粉尘大量积聚，引发设备及车间多点连续粉尘爆炸。

Q13 何为劳动密集型生产车间

（1）参照《装修规》第6.0.1条条文说明：劳动密集型的生产车间主要指生产车间员工总数超过1000人或者同一工作时段员工人数超过200人的服装、鞋帽、玩具、木制品、家具、塑料、食品加工和纺织、印染、印刷等劳动密集型企业。

（2）参照《广东审查解析》规定：单体建筑任一生产加工车间或防火分区，同一时间的生产人数超过200人或同一时间的生产人数超过30人且人均建筑面积小于20m²的服装、鞋帽玩具、木制品、家具、塑料、食品加工和纺织、印染、印刷等丙类生产场所，肉食、蔬菜、水果等食品加工厂房，或生产性质及火灾危险性与之相类似的厂房均为劳动密集型生产车间。

（3）参照《湖北审验指南》规定：单体建筑生产车间员工总数超过1000人，或任一生产加工车间或防火分区，同一时间的生产人数超过 200 人（或者同一时间的生产人数超过 30 人且人均建筑面积小于 20m²）的制鞋、制笔、制衣、玩具、打火机、眼镜、印刷、电子等丙类生产企业、肉食蔬菜水果等食品加工、家具木材加工、物流仓储，或生产性质及火灾危险性与之相类似的厂房。

（4）依据《山东审验指南》规定：单体建筑任一防火分区或任一层，同一时间的生产人数超过 200 人（或同一时间的生产人数超过 30 人且人均建筑面积小于 20m²）的丙类生产场所。

上述四种规定基本代表了目前不同省份对于劳动密集型生产车间的理解，主要差异是对厂房内人员数量的要求不一致，建议按第二种的规定来界定：单体建筑任一生产加工车间或防火分区，同一时间的生产人数超过 200 人（或同一时间的生产人数超过 30 人且人均建筑面积小于 20m²）。

【设计审查要点】劳动密集型企业生产加工车间属于人员密集场所（详见本书 Q5），其防火设计与普通车间相比，有其特殊规定：

（1）《建通规》第 3.2.12 条：甲类厂房与人员密集场所的防火间距不应小于 50m。

（2）《建通规》第 3.1.3 条：甲、乙类物品运输车的汽车库、修车库、停车场与人员密集场所的防火间距不应小于 50m。

（3）《建通规》第 6.6.5 条、第 6.6.9 条：人员密集场所的外墙外保温材料和内保温系统中保温材料或制品的燃烧性能应为 A 级。

（4）《建通规》第 10.1.10 条：人员密集的场所，建筑内疏散照明的地面最低水平照度不应低于 3.0lx。

（5）《建规》第 3.6.3 条：泄压设施的设置应避开人员密集场所。

【工程案例辨析】山东某高端装备制造厂房，建筑面积 16341.39m²，地上 2 层，使用用途为电子设备生产或组装，生产的火灾危险性为丙类。耐火等级为一级。厂房每层划分为一个防火分区，防火分区面积不超过 12000m²（设置自动喷水灭火系统）。四部疏散楼梯，每层使用人数不超过 200 人。如图 2-2 说明，审查意见中提出应按照"劳动密集型生产加工车间"进行消防设计。引起争议的主要是依据《山东审验指南》第 2.0.3 条"单体建筑任一防火分区或任一层，同一时间的生产人数超过 200 人（或同一时间的生产人数超过 30 人且人均建筑面积小于 20m²）的丙类生产场所"。从实际使用过程中火灾危险性来讲，按照劳动密集型生产加工车间进行防火设计更加合理合规。

图 2-2　某高端装备制造厂房说明

Q14 实训楼和实训车间的消防设计该如何定性

（1）依据《湖北审验指南》规定：用于教学的实训楼（非对外营业的场所），如卫生职业技术学院中的老年人护理、医学院中的模拟病房、商贸学院中的模拟酒店客房等用房，可按照教学实验建筑的要求进行消防设计。但技工学校中的汽车检修实训车间等火灾危险性大的场所除外。其中甲、乙、丙类实训车间与教学楼、宿舍楼等民用建筑不能组合建造，该类实训车间应按厂房设计。

（2）依据《吉林防火标准》规定：实（试）验楼、实训楼的防火设计应符合下列规定：

1）大专院校、工业厂区内的实（试）验楼应按科研建筑进行防火设计。

2）大专院校内产、学、研一体，同时具有生产功能和实训功能的车间应按厂房进行防火设计；无生产功能的实训楼则应按教学建筑进行防火设计。

3）中、小学校的实验室应按教学建筑进行防火设计。

（3）依据《海南审验解答》规定：学校内的实训车间应按厂房设计，学校内的实训楼如果是以教学为目的，以实训教室、实验用房、辅助用房和公用设施用房为主要功能房间，且无火灾危险性类别为甲、乙类实验设备及材料（或者火灾危险性类别为甲、乙类实验设备及材料按照《建规》第3.1.2条的条文说明计算未超过实验室内单位容积的最大允许量和室内空间最多允许存放的总量）时，可以按教学建筑或实验室建筑进行设计。

（4）依据《深圳疑难解析》学校内的实训楼以教学为目的，当实训楼内无火灾危险性类别为甲、乙类实验设备及材料时，可按教学建筑的要求进行消防设计。汽车检修教室内的整车实训、喷漆、焊接等汽车维修功能的教室应按照《汽修规》中有关汽修车库的要求设计。

实（试）验楼与实训楼在设计中往往容易混淆，当服务于某些主体功能时，其消防定性不够明确。实验楼主要功能为通过实（试）验进行科学研究，依据《科研建筑设计标准》第 1.0.2 条规定，大专院校、工业企业的实验楼可以按科研建筑进行防火设计。主要功能是培训教学的实训楼，应按教学建筑进行防火设计。有些大专院校与工业企业联合进行产、学、研结合的教学模式，校内的实训车间既具备培训、教学功能，同时还承担生产任务，此类实训车间应按照厂房进行防火设计。中、小学校一般没有独立设置的实（试）验楼，但其教学楼内必须配置一定数量的教学用实验室，此类功能空间仍属于教学用房。

【设计审查要点】学校内的实训车间，按照厂房进行防火设计，应符合《建规》和《建通规》有关厂房防火的规定。厂房内直接服务于生产的实验室，依据工艺流程和质量控制的要求，是车间生产功能的一部分，要采用规定的耐火构件与生产部分隔开，并设置不经过生产区域的疏散楼梯、疏散门等直通厂房外，为方便沟通而设置的、与生产区域相通的门要采用乙级防火门。汽车专业实训楼是集检修、维修、钣金、喷漆、电工、焊接车间，汽车展示，培训教室等多种功能于一体的建筑，人员密集，火灾危险性较大，不能按照普通车间进行防火设计。

【工程案例辨析】某职业技术学院实训楼，建筑面积 9443.03m^2，建筑高度 18.47m，地上 4 层。首层为汽车展示、检测、维修车间，如图 2-3 所示。二层为拆装车间，三、四层为实训车间（设计、实验、网联创新），火灾危险性为丁类，耐火等级二级，如图 2-4 所示。一、二层为一个防火分区，三至四层每层划分为一个防火分区。每个防火分区人数如图 2-5 所示。审查意见中提出按照普通丁类车间进行防火设计不合规，应按照人员密集车间考虑防火要求，同时依据《汽修规》第 5.1.7 条规定，汽车展示部位与维修部位之间应采用防火墙和耐火极限不低于 2.00h 的不燃性楼板分隔。

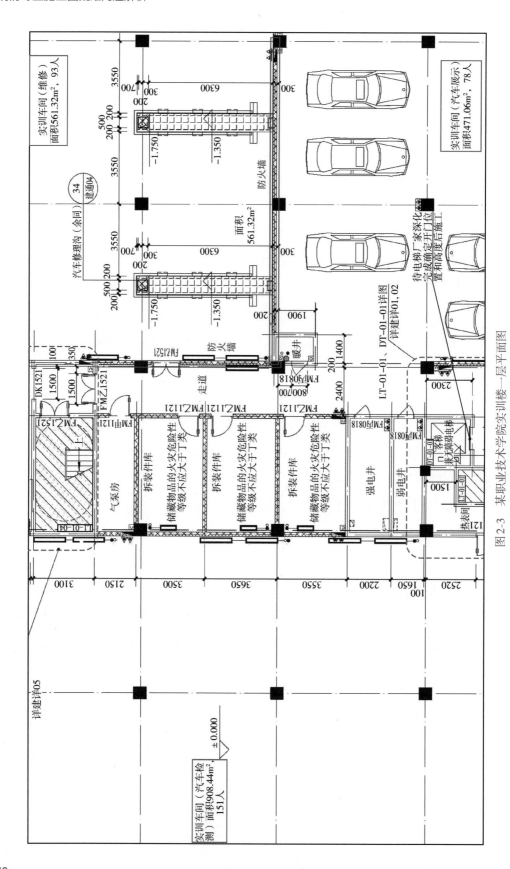

图2-3 某职业技术学院实训楼一层平面图

1.11 各单体主要特征信息:

楼号	功能	规划高度(m)	建筑高度(m)	层数 地上	层数 地下	地上建筑面积(m²)	地下建筑面积(m²)	总建筑面积(m²)	建筑分类	耐火等级
12#生产性实训楼	生产实训	19.95	18.75	4	/	9443.03	/	9443.03	丁类厂房	二级
13#创新创业楼	办公	22.80	21.60	5	/	7149.65	/	7149.65	多层建筑	二级

备注:规划高度计算方法为从室外地坪至屋面女儿墙顶,建筑高度计算方法为从室外地坪至屋面面层(屋面面层按300计算)

1.12 平面布局及各层功能:

生产性实训楼:地上4层。首层为实训车间入口门厅及实训车间,二层主要为拆装件库,三、四层为实训车间,屋顶机房层为设备机房。各层层高详见下表:

楼层	首层	二层	三层	四层	机房层
层高	4.50	4.50	4.50	4.50	3.90

图 2-4 某职业技术学院实训楼防火说明

表5.7(12#生产性实训楼)

防火分区编号	所属楼层	使用功能	实际建筑面积(m²)	人数计算(人)	所需疏散宽度(m)	设计疏散宽度(m)	本区内疏散宽度(m)
防火分区一	1F	生产实训	2696.13	336	336/100=3.36	26.7	26.7
防火分区一	2F	生产实训	565.87	16	16/100=0.16	3.3	3.3
防火分区二	3F	生产实训	2969	279	279/100=2.79	3.9	3.9
防火分区三	4F	生产实训	2969	347	347/100=3.47	3.9	3.9

图 2-5 某职业技术学院实训楼各层人数

Q15 储存有爆炸性危险的仓库,耐火等级应如何确定

(1)依据《建规》第3.2.7条规定:高架仓库、高层仓库、甲类仓库、多层乙类仓库和储存可燃液体的多层丙类仓库,其耐火等级不应低于二级。

(2)《易燃爆品储存》第4.2.2.1条:易爆性商品应储存于一级轻顶耐火建筑的库房内;第4.2.2.2条:低、中闪点液体、一级易燃固体、自燃物品、压缩气体和液化气体类应储存于一级耐火建筑的库房内;第4.2.2.3条:遇湿易燃商品、氧化剂和有机过氧化物应储存于一、二级耐火建筑的库房内;第4.2.2.4条:二级易燃固体、高闪点液体应储存于耐火等级不低于二级的库房内。

从《建规》第3.3.2条表3.3.2中可以看出,甲3、4项类仓库耐火等级应为一级,甲1、2、5、6项类仓库耐火等级不应低于二级。《建通规》第5.2.1条、第5.2.2条对

甲、乙类仓库耐火等级未作规定，但条文说明中解释为：本规范未明确耐火等级的厂房和仓房，可以按照国家现行有关技术标准的规定确定其耐火等级；当本规范的规定低于技术标准的要求时，还应符合相应技术标准的规定。

【设计审查要点】甲类储存物品的划分，主要依据《危险货物运输规则》中确定的Ⅰ级易燃固体、Ⅰ级易燃液体、Ⅰ级氧化剂、Ⅰ级自燃物品、Ⅰ级遇水燃烧物品和可燃气体的特性。这类物品易燃、易爆，燃烧时会产生大量有害气体。有的遇水发生剧烈反应，产生氢气或其他可燃气体，遇火燃烧爆炸；有的具有强烈的氧化性能，遇有机物或无机物极易燃烧爆炸；有的因受热、撞击、催化或气体膨胀而可能发生爆炸，或与空气混合容易达到爆炸浓度，遇火而发生爆炸。此外，对于低、中闪点液体、一级易燃固体、自燃物品、压缩气体和液化气体类仓库，耐火等级不应低于一级。

【工程案例辨析】某危废储存库，建筑面积为471.83m²，地上1层，一层平面布置如图2-6所示。储存物品的火灾危险性类别为甲类1、2、5、6项，耐火等级二级，划分为二个防火分区，如图2-7所示。原设计根据储存物质性质，依据《建规》第3.3.2条中要求，仓库耐火等级定为二级。审查意见提出，应按《易燃爆品储存》复核危废库耐火等级。按照《易燃爆品储存》第4.2.2.2.2条规定："低、中闪点液体、一级易燃固体、自燃物品、压缩气体和液化气体类应储存于一级耐火建筑的库房内。"设计人员复核后反馈，危废库内储存有易燃液体，耐火等级修改为一级。

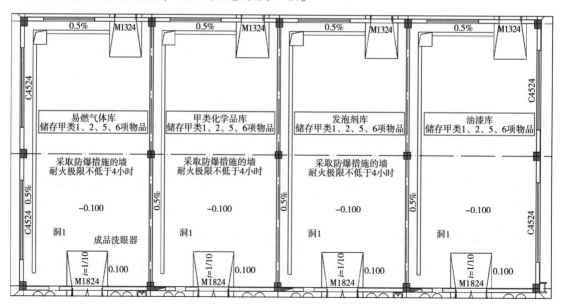

图2-6 某危废储存库一层平面布置图

2.	建筑防火
2.1	根据业主提供资料,储存物品的火灾危险性类别为"甲"类1、2、5、6项,耐火等级为"二"级。
	本建筑总建筑面积为471.83m²,建筑占地面积471.83m²。且建筑层数为1层,建筑高度为4.650m。
2.2	依据《建筑设计防火规范》3.3.2条规定,二级耐火等级(储存物品的火灾危险性类别为甲类1、2、5、6项)单层仓库防火分区的最大允许建筑面积为250m²,每座仓库的最大允许占地面积为750m²,本建筑共设有2个防火分区(具体划分情况详见本页防火分区示意图),最大防火分区面积为235.92m²,仓库占地面积为471.83m²,所以符合规范要求。

图 2-7　某危废储存库防火设计说明

Q16 危废库中储存有废活性炭,火灾危险性类别应怎么定性

（1）若只储存废活性炭,该危废库的火灾危险性类别依据活性炭吸附物质的火灾危险性来判断。

（2）若危废库中储存有多种易燃易爆危险性物品,依据《建规》第3.1.4条:同一座仓库或仓库的任一防火分区内储存不同火灾危险性物品时,仓库或防火分区的火灾危险性应按火灾危险性最大的物品确定。

【设计审查要点】同一座仓库或仓库的任一防火分区内存放多种可燃物时,火灾危险性分类原则应按其中火灾危险性大的确定。当数种火灾危险性不同的物品存放在一起时,建筑的耐火等级、允许层数和允许面积均按最危险者的要求确定。特别是存放易燃易爆物品的仓库,需要按甲、乙类储存物品仓库的要求设计。

【工程案例辨析】某新原料药及制剂危险品库,建筑面积为 150.0m²,地上 1 层,耐火等级一级,一层平面布置如图 2-8 所示。危险品库一区存有:硼氢化钠、四丁基溴化胺、氢氧化钾、溴化铜、三甲基溴硅烷、氯乙酰氯、三氯化铝;危险品库二区存有:氢气气瓶;危废一、二区存有:蒸馏残液、离心废渣、废活性炭(尾气处理工序)、废水处理污泥。审查意见提出应按照甲类 3、4 项仓库进行整体防火设计。

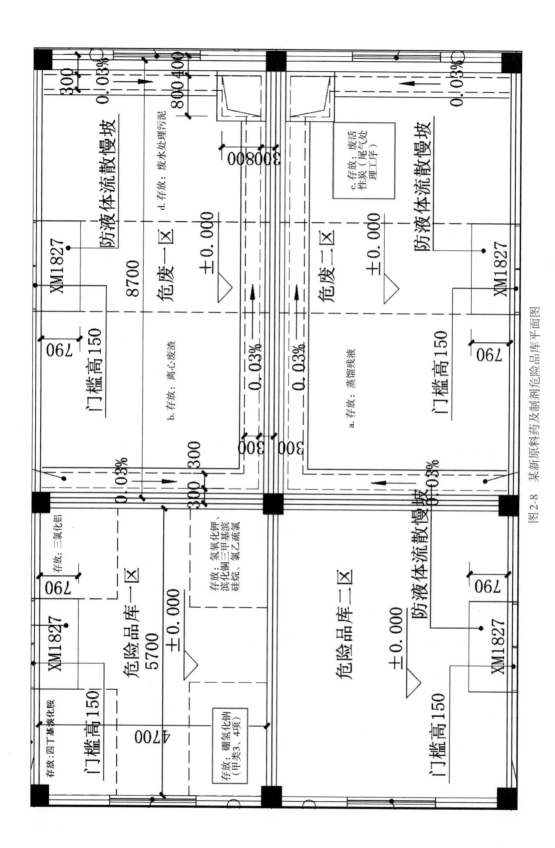

图 2-8　某新原料药及制剂危险品库平面图

$Q17$ 氨水储罐区的火灾危险性类别怎么定性？需要考虑爆炸的危险性吗

（1）根据《危品表》规定：氨含量小于 10% 的氨溶液不属于危险化学品，其火灾危险为戊类；当 10% ≤ 氨含量 < 35% 时，联合国编号为 2672，其危险性为第 8 类腐蚀性，包装类别为 III，参照《建规》的定义，其火灾危险应为丙类；当 35% ≤ 氨含量 < 50% 时，联合国编号为 2073，其危险性为第 2.2 类非易燃无毒气体，考虑到氨的挥发性较大，建议火灾危险按乙类进行设计；当氨含量 ≥ 50% 时，联合国编号为 3318，其危险性为第 2.3 类有毒气体，火灾危险性应按乙类进行设计。

（2）当氨水用于火电厂的烟气脱硝时，根据《烟脱规》第 1.0.9 条规定：液氨的储存和输送应按照火灾危险性乙类相关标准要求设计；第 3.2.15 条规定：氨水区氨水储罐的火灾危险性分类宜按丙类液体，防火间距应符合《建规》的规定。

作为一种常用的化学品，氨水广泛应用于工业生产中，它可用作染料，制药和化工生产的原料，也可用于工业尾气和锅炉排烟的脱硫，氨水为无色透明液体，有强烈刺激性气味，不燃烧、无爆炸危险。根据《建规》第 3.1.1 条，氨水的生产火灾危险性划分为戊类。氨水易挥发，在正常条件下，从氨水中挥发的氨气有毒，有燃烧和爆炸危险性，爆炸下限为 15.7%，爆炸上限为 27.4%，火险危险性等级为乙类，设计时应考虑其爆炸的危险性。电厂脱硝用氨水含氨量不超过 25%，故氨水区氨水储罐的火灾危险性分类应比液氨区液氨储罐要低。电厂脱硝用氨水的火灾危险性按丙类考虑，电厂脱硝液氨的火灾危险性应按乙类考虑。

【设计审查要点】电厂脱硝用液氨属压缩性液化有毒气体，归于爆炸性气体类，其火灾危险性类别属乙类。对液氨的储存处置设施特别是液氨储罐与其他建构筑物、储罐、堆场的防火间距建议按照可燃、助燃气体储罐（区）类考虑，其防火间距按照《建规》第 4 节中相应储量液化石油气储罐防火间距的规定减少 25% 这一原则来确定。

【工程案例辨析】某电厂热电联产项目脱硝装置，地上 1 层，高度 4.2m，耐火等级二级，生产的火灾危险性类别为丁类，平面布置如图 2-9 所示。审查意见提出，氨水储罐的火灾危险性应按丙类液体进行防火设计。

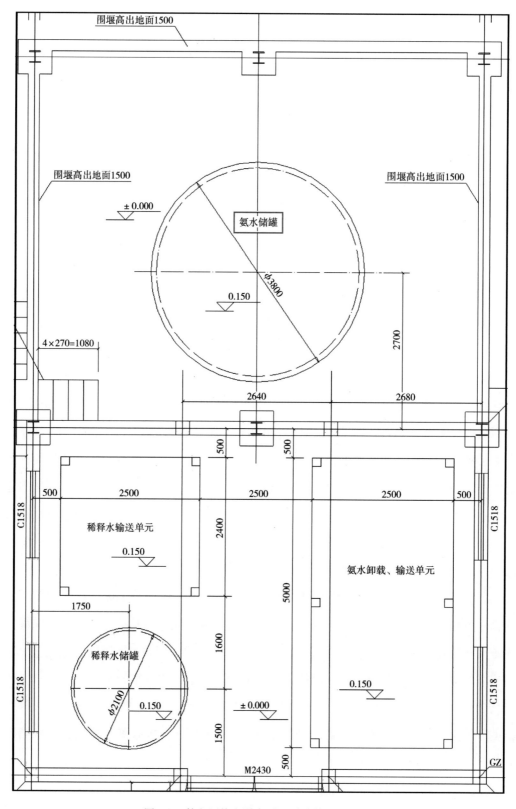

图 2-9　某电厂热电联产项目脱硝装置平面图

Q18 锅炉房的火灾危险性和耐火等级如何确定？需要考虑爆炸的危险性吗

（1）根据《锅标》第 15.1.1 条：

1）锅炉间应属于丁类生产厂房，建筑耐火等级不应低于二级耐火等级；当为燃煤锅炉间且锅炉的总蒸发量小于或等于 4t/h 或热水锅炉总额定热功率小于或等于 2.8MW 时，锅炉间建筑不应低于三级耐火等级。

2）油箱间、油泵间和重油加热器间应属于丙类生产厂房，其建筑均不应低于二级耐火等级。

3）燃气调压间及气瓶专用房间应属于甲类生产厂房，其建筑不应低于二级耐火等级。

（2）根据《建规》第 5.4.12 条：燃油或燃气锅炉宜设置在建筑外的专用房间内，该房间的耐火等级不应低于二级，燃气锅炉房应设置爆炸泄压设施。

（3）根据《锅标》第 15.1.2 条：锅炉房的外墙、楼地面或屋面应有相应的防爆措施，并应有相当于锅炉间占地面积 10% 的泄压面积，泄压方向不得朝向人员聚集的场所、房间和人行通道，泄压处也不得与这些地方相邻。地下锅炉房采用竖井泄爆方式时，竖井的净横断面积应满足泄压面积的要求。

用于锅炉燃料可为煤、重油、轻油或天然气、城市煤气等，其锅炉间属于丁类生产厂房，但当燃煤锅炉的总蒸发量≤4t/h 或热水锅炉总额定热功率≤2.8MW 时，锅炉间耐火等级不应低于三级。通常锅炉燃料的燃油为丙类及以上，因此油箱间、油泵间和油加热器间属于丙类生产厂房。天然气主要成分是甲烷（CH_4），其相对密度（与空气密度比值）为 0.57，与空气混合的体积爆炸极限为 5%，按《建规》规定，爆炸下限小于 10% 的可燃气体的生产类别为甲类，故天然气调压间属甲类生产厂房。由于锅炉房一旦发生燃料介质爆炸或压力部件爆炸，均可能对建筑物造成较严重的破坏，因此，锅炉房应考虑防爆问题，特别是对非独立锅炉房，要求有足够的泄压面积。泄压面积可利用对外墙、楼地面或屋面采取相应的防爆措施来解决，如采用轻质屋面板、轻质墙体和易于泄压的门、窗等，泄压地点也要确保安全。

【设计审查要点】燃气、燃油锅炉房的建筑耐火等级不应低于二级，当设在其他建筑内时，应同时满足该建筑耐火等级要求。锅炉间属于丁类生产厂房，燃气调压间属于甲类生产厂房，油箱间、油泵间、油加热器间属于丙类生产厂房。燃气锅炉房应设置爆炸泄压设施。锅炉房的外墙、楼地面或屋面，应有相应的防爆措施，并应有相当于锅炉间占地面积10%的泄压面积。地下锅炉房采用竖井泄爆方式时，竖井的净横断面积应满足泄压面积的要求。当泄压面积不能满足规范要求时，应在锅炉房的内墙和顶棚部位敷设金属爆炸减压板作补充。

【工程案例辨析】某环保公司金属锌项目锅炉房，建筑面积228m²，地上1层，高度6.0m，耐火等级二级，火灾危险性类别为丁类，平面布置及工程概况如图2-10所示。审查意见提出，锅炉房应按丁类生产车间进行防火设计（原图纸中为丁类仓库）。

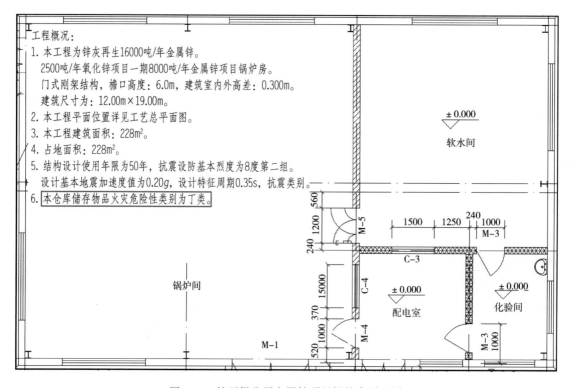

图2-10 某环保公司金属锌项目锅炉房平面图

Q19 空压机房和空分厂房的生产火灾危险性应如何确定

（1）根据《空压规》第1.0.3条：压缩空气站的生产火灾危险性类别，除全部由气缸无油润滑活塞空气压缩机、隔膜空气压缩机或不喷油的螺杆空气压缩机组成的压缩空气站应为戊类外，其他均应为丁类。

根据《建规》第3.1.1条对生产火灾危险性的分类，压缩空气站在生产过程中使用闪点大于 60℃ 的油品, 生产的火灾危险性应为丙类, 但考虑到空气压缩机所用油品的闪点较高, 且活塞空气压缩机和螺杆空气压缩机的用油量都比较少, 离心空气压缩机用油量虽然较多, 但只用来冷却和润滑轴承, 并不直接与灼燃的压缩空气接触, 引发燃爆事故的可能性也很小。因此, 由这几种空气压缩机组成的压缩空气站的火灾危险性类别定为丙类偏高, 定为丁类较为合适。全部由气缸无油润滑活塞空气压缩机、隔膜空气压缩机或不喷油的螺杆空气压缩机组成的压缩空气站, 因其气缸或转子压缩腔内均不直接注油, 油只用于其他动力部件的润滑, 所以, 压缩空气中的含油量极低, 形成积炭而引发燃爆事故的可能性也就更低。布置在独立建筑物中的干燥、净化站 (间) 内, 因压缩空气一般都已被冷却到 50℃ 以下, 基本上属于常温作业, 因此, 上述三种情况的火灾危险性类别均规定为戊类。

(2) 空分厂房是通过采用空分技术, 将空气中的氧气、氮气等气体分离出来, 获得高纯度气体和液体。根据《建规》第 3.1.1 条: "乙类"第 5 项的火灾危险性特征是"助燃气体", 生产中的助燃气体本身不能燃烧 (如氧气), 但在有火源的情况下, 如遇可燃物会加速燃烧, 甚至有些含碳的难燃或不燃固体也会迅速燃烧。因此, 空分厂房生产火灾危险性应为乙类。

(3)《冷冻产氧规》第 4.6.28 条: 空分装置应采取防爆措施, 防止乙炔及其他碳氢化合物和氮氧化物在液氧、液空中积聚、浓缩、堵塞引起燃爆。由于液氧的气化作用, 在某些局部区域可能形成高浓度积聚, 以致结晶、析出, 再有充足的氧作助燃作用, 在激发能源的作用下, 根据形成化学性爆炸的燃爆三要素: 可燃物、助燃物、引爆源, 必然导致破坏能量巨大的空分爆炸事故。

【设计审查要点】空压机房的生产火灾危险性通常按照丁类设计, 而空分厂房的生产火灾危险性应按照乙类设计, 且应采取防爆措施。

【工程案例辨析】某年产 10 万 t 化学针叶浆项目压缩空气站, 建筑面积 280.28m², 地上 1 层, 高度 6.6m, 耐火等级二级, 火灾危险性类别为戊类, 平面布置及工程概况如图 2-11 所示。审查意见提出, 未特殊说明情况下, 压缩空气站的火灾危险性类别应按不低于丁类进行防火设计。

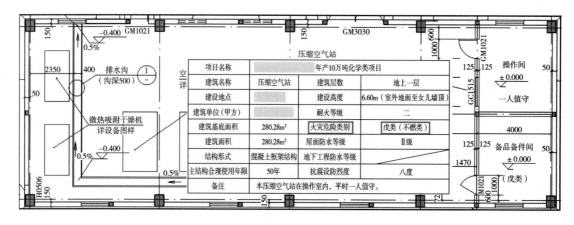

图 2-11　某压缩空气站平面图

Q20 配电室和变配电站是按什么分类的

（1）根据《建规》第3.1.1条条文说明表1规定，每台装油量≤60kg的设备，其配电室可按火灾危险性为丁类厂房进行防火设计，超出此装油量的配电室，应按生产火灾危险性丙类厂房的要求确定。

（2）参照《石化分类标》第5条表5.1规定，独立建造（含贴邻建造）的变配电站油浸式变压器，应按生产的火灾危险性丙类厂房进行防火设计。

（3）根据《钢冶标》第3.0.1条规定，干式变压器室的火灾危险性分类为丁类，对于独立建造的干式变电站，可参照此规定执行。

（4）根据《附建变电站标》（深圳市标）第4.1.1条规定，作为整体模块采用贴邻、嵌入或上下组合的方式与其他功能建筑组合建造的变电站，附建式变电站建筑的耐火等级不应低于二级，其中油浸变压器室和事故油池的建筑构件或结构的耐火性能不应低于一级耐火等级建筑相应构件的要求。变电站内不同房间的防火设计要求可根据各自房间的火灾危险性类别确定。变电站内不同房间的火灾危险性类别划分应符合表2-1的规定。

表 2-1　变电站内不同房间的火灾危险性类别划分

建筑物名称		火灾危险性分类
主变压器室	油浸变压器室	丙
	无油变压器室	丁

（续）

建筑物名称		火灾危险性分类
配电装置室	单台设备油量 60kg 以上的配电装置室	丙
	单台设备油量 60kg 及以下的配电装置室	丁
	无含油电气设备的配电装置室	戊
无功补偿装置室	单支电容油量 60kg 以上、油浸电抗器室	丙
	单支电容油量 60kg 及以下、静止无功发生器（SVG）室、干式电抗器室	丁
电缆夹层、事故油池		丙
继电器及通信室、阀控蓄电池室		丁
不燃绝缘介质回收液池		丁
水泵房、雨淋阀室、气体设备室、污水、雨水泵房		戊

（5）参照《建规》国家标准管理组"关于 220kV 附建式变电站防火设计问题的复函"（建规字〔2019〕2 号）要求，考虑到干式变压器属无油设备，与油浸变压器相比可燃物质数量较少，火灾风险相对较小，对确需布置在民用建筑内或与民用建筑贴邻建造的 220kV 干式室内变电站，可将其视为民用建筑的附属设施，其防火设计技术要求可以比照丙类火灾危险性厂房的要求确定。因此，对于附建式变电站，宜参照此函执行。

附建在其他建筑内的配电室和变配电站应依整体建筑定性。对于配电室和变压器室合建的变配电室等建筑，建议按较高危险等级确定。

【设计审查要点】配电室应按设备装油量确定火灾危险性为丙类或丁类，而变电站应区分油浸变压器和干式变压器，其火灾危险性为丙类或丁类。

【工程案例辨析】某原油储备库项目库区总变配电所，建筑面积 1256.94m² ，地上 2 层，一层为电缆夹层，二层布置有两台干式变压器、配电室、控制室等。高度 8.1m，耐火等级二级，火灾危险性类别为丁类（变压器室为丙类），二层平面布置如图 2-12 所示。原说明中未明确电缆夹层的火灾危险性类别。审查意见提出，未特殊说明情况下，变配电所的火灾危险性类别应按不低于丙类进行防火设计。

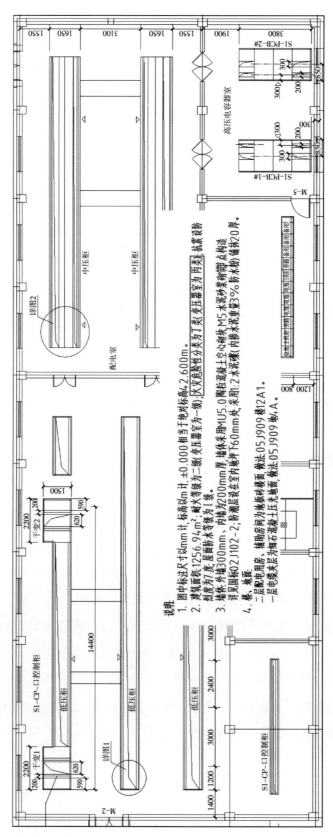

图 2-12 某原油储备库库区总变配电所二层平面图

说明:
1. 图中标注尺寸以mm计,标高以m计,±0.000相当于绝对标高4.2.600m。
2. 建筑总面积1256.94m²,耐火等级为一级;变电器室室内为丙类,区又危险性分类为丁类,抗震设防利度为7度,屋面防水等级为1级。
3. 墙体:外墙300mm,内墙200mm厚墙体采用MU5.0陶粒混凝土空心砌块 M5水泥砂浆砌筑带点构造;防潮层设在室内地坪下60mm处,采用:2水泥浆(内掺水泥重量3%防水粉)储厚20厚。详见图集02J102-2,防潮房间为地板砖墙面 做法05J1909楼12A1。
4. 楼、地面:
   二层配电用房,辅助用房;辅防房间为地板砖墙面 做法05J1909楼12A1。
   一层电缆夹层为细石混凝土压光墙面,做法05J1909墙4A。

◀第 2 节　平面布置和防火分区▶

Q21 普通丙 2 项仓库和冷库库房冷藏间（鱼、肉间）有何不同

（1）依据《建规》第 3.3.2 条规定，普通丙 2 项仓库最多允许层数、占地面积和每个防火分区最大允许建筑面积详见表 2-2。

表 2-2　丙 2 项仓库的耐火等级、层数和面积　　　　（单位：m²）

耐火等级	最多允许层数	单层		多层		高层	
		占地面积	防火分区面积	占地面积	防火分区面积	占地面积	防火分区面积
一、二级	不限	6000	1500	4800	1200	4000	1000
三级	3	2100	700	1200	400	—	—

（2）依据《冷库标》第 4.2.2 条规定，冷库库房的冷藏间最大允许总占地面积和每个防火分区内冷藏间最大允许建筑面积应符合表 2-3 的规定。

表 2-3　冷库库房冷藏间耐火等级、层数和面积　　　　（单位：m²）

耐火等级	最多允许层数	单层、多层		高层	
		占地面积	防火分区面积	占地面积	防火分区面积
一、二级	不限	7000	3500	5000	2500
三级	3	1200	400	—	—

冷库中的鱼、肉间（可燃固体）按照《建规》划分为丙类仓库，其层数、占地面积和防火分区应符合表 2-2 中的规定。而《冷库标》中对于冷库库房内冷藏间不再规定火灾危险性类别，其层数、占地面积和防火分区统一按照表 2-3 中规定执行。表 2-3 中的总占地面积限值是指每座冷库库房内冷藏间部分的总占地面积之和，明确了防火分区内建筑面积限值是指每一防火分区内冷藏间最大允许总建筑面积，同时明确了冷库库房耐火极限、层数和库房内冷藏间最大允许总占地面积与库房内每个防火分区冷藏间最大允许建筑面积的相互关系。

【设计审查要点】普通仓库内设置自动灭火系统时，每座仓库的最大允许占地面积和

每个防火分区的最大允许建筑面积可按规定增加 1.0 倍；冷库库房内设置自动灭火系统时，每座库房冷藏间的最大允许总占地面积可按规定增加 1.0 倍，但每个防火分区内冷藏间最大允许建筑面积不可增加。

【工程案例辨析】某食品饮品配料有限公司冷库，建筑面积 1831.39m²，高度 8.1m，地上 1 层，使用用途为储存浓缩果汁，原设计说明中火灾危险性为戊类仓库，耐火等级为二级，工程概况如图 2-13 中说明。审查意见中提出"按照火灾危险性为戊类仓库设计不正确，应按照《冷库标》中对于冷库库房要求进行防火设计"。

【火灾事故警示】**冷库爆炸事故案例**

冷库建筑设计中应重视其防火设计，包括其最大占地面积、防火分区、安全疏散、保温材料燃烧性能、氨制冷装置、防排烟、室内外消火栓、灭火设施、火灾自动报警系统等。保温隔热材料采用可燃、易燃材料冷库对保温隔热要求较高，一些冷库往往为了节省工程造价而大量使用了易燃可燃保温材料，一旦发生火灾，产生明火后，由于其四壁垂直贯通，空心夹墙会产生烟囱效应，燃烧速度迅猛，蔓延速度快，导致火灾发生。

2017 年 11 月 18 日，北京大兴区的一幢建筑发生火灾，事故造成 19 人死亡、8 人受伤。起火部位为建筑的地下一层冷库，起火原因系埋在聚氨酯保温材料内的电气线路故障所致。

2018 年 6 月 1 日，达州市通川区农副产品综合市场的商贸城发生火灾。火灾造成 1 人死亡，过火面积 51100m²，直接经济损失 9210 余万元。起火部位为商贸城负一层冷库 3 号库，起火点为 3 号库内通道北侧中部香蕉堆垛处，起火原因为租户在 3 号冷库内自行拉接的照明电源线短路引燃可燃物蔓延导致大火。

2021 年 12 月 31 日，大连市沙河口区新长兴市场地下二层发生火灾，造成 8 人死亡，1 名消防员牺牲。起火部位是地下二层的冷库，起火原因是违章电焊引起聚氨酯保温材料起火。

2023 年 6 月 21 日，中山市黄圃镇祥兴食品冷冻厂冷冻仓库发生火灾，造成 1 人死亡，1 人受伤。企业生产车间冷库二楼为低温仓储室，主要是作为仓储冷库使用，事故发生时，低温冷库内储存有腊肠和腊肉。起火原因是违规动用明火，不慎引燃位于二楼冷库靠近冲霜管位置的聚氨酯泡沫保温材料。火灾迅速蔓延的主要原因：一是冷库可燃物多，起火物质聚氨酯泡沫保温材料和易燃物质腊肠、腊肉及其包装材料猛烈燃烧；二是由于现场处于半封闭状态，燃烧不完全，产生了一氧化碳、聚氨酯和油脂的分解产物，进而产生闪爆等现象造成火灾迅速蔓延。

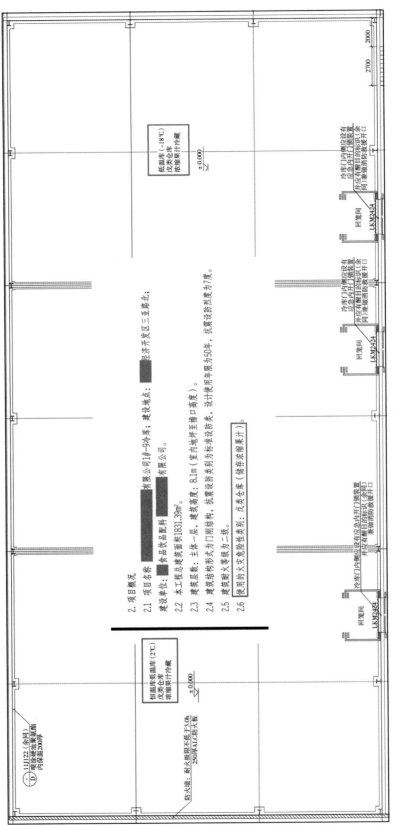

2. 项目概况

2.1 项目名称：████有限公司1#~9#冷库；建设地点：经济开发区三亚路北；

建设单位：████食品饮品配料████有限公司。

2.2 本工程总面积1831.39m²。

2.3 建筑层数：主体一层，建筑高度：8.1m（室内地坪至檐口高度）。

2.4 建筑结构形式为门刚结构，抗震设防类别为标准设防类，设计使用年限为50年，抗震设防烈度为7度。

2.5 建筑耐火等级为二级。

2.6 使用的火灾危险性类别：戊类仓库（储存浓缩果汁）。

图 2-13　某食品饮品配料有限公司冷库说明及平面图

Q22 厂房、仓库和办公可以合建于一栋建筑内吗？火灾危险性类别应如何确定

（1）《建通规》第 4.2.2 条规定，厂房内不应设置宿舍。直接服务于生产的办公室、休息室等辅助用房的设置，应符合下列规定：

1）不应设置在甲、乙类厂房内。

2）与甲、乙类厂房贴邻的辅助用房的耐火等级不应低于二级，并应采用耐火极限不低于 3.00h 的抗爆墙与厂房中有爆炸危险的区域分隔，安全出口应独立设置。

3）设置在丙类厂房内的辅助用房应采用防火门、防火窗、耐火极限不低于 2.00h 的防火隔墙和耐火极限不低于 1.00h 的楼板与厂房内的其他部位分隔，并应设置至少 1 个独立的安全出口。

（2）为厂房服务的办公室、休息室、停车楼等可以与丙、丁、戊类厂房合建，若合建，应满足《建规》第 3.3.5 条：应采用耐火极限不低于 2.50h 的防火隔墙和 1.00h 的楼板与其他部位分隔，并应至少设置 1 个独立的安全出口（其疏散楼梯、疏散门设置应不经过生产区域可直达安全出口）；其他安全出口可以与生产区的安全出口共用，一般不应直接通向生产作业区。为方便沟通而设置的与生产区域隔墙上相通的门应为乙级防火门。"办公室、休息室"是在丙、丁、戊类厂房内设置用于管理、控制或调度生产的办公房间以及工人的中间临时休息室。

（3）《建通规》第 4.2.3 条规定，设置在厂房内的甲、乙、丙类中间仓库，应采用防火墙和耐火极限不低于 1.50h 的不燃性楼板与其他部位分隔。

（4）《建通规》第 4.2.7 条规定，仓库内不应设置员工宿舍及与库房运行、管理无直接关系的其他用房。甲、乙类仓库内不应设置办公室、休息室等辅助用房，不应与办公室、休息室等辅助用房及其他场所贴邻。丙、丁类仓库内的办公室、休息室等辅助用房，应采用防火门、防火窗、耐火极限不低于 2.00h 的防火隔墙和耐火极限不低于 1.00h 的楼板与其他部位分隔，并应设置独立的安全出口。

厂房和仓库的火灾危险性、占地面积、防火分区、安全疏散、消防设施等均有不同的要求，两者不应合建于一栋建筑内。厂房内因生产工艺需要，保证连续生产需要的仓库，可以中间仓库的形式设置在厂房内。中间仓库是为保障连续生产需要，在厂房内设置的用于存放从仓库或上道工序的厂房（或车间）取得的原材料、半成品、辅助材料的场所。中

间仓库应严格控制规模，不能作为常规的储存仓库，生产出来的成品也不应存放在中间仓库。厂房内设置中间仓库，不影响厂房的火灾危险性类别。

【设计审查要点】在丙类厂房内设置用于管理、控制或调度生产的办公房间以及工人的中间临时休息室，要采用规定的耐火构件与生产区域隔开，并设置不经过生产区域的疏散楼梯、疏散门等直通厂房外。为方便沟通而设置的与生产区域相通的门要采用乙级防火门。

【工程案例辨析】

（1）某食品饮品配料有限公司冷库，建筑面积 11156m²，高度 10.8m，地上 2 层，一层为丙类库房，二层为裁剪及缝纫车间，耐火等级为二级，一层、二层平面布置如图 2-14、图 2-15 所示。审查意见中提出"一层非中间仓库，车间和储存仓库不能设在同一个厂房内，应分开布置"。

（2）某口腔材料有限公司厂房 C# 多层厂房，建筑面积 11846.51m²，高度 15.30m，地上 3 层，一层为成品库、原材料库，二层为包装仓库，三层为 3D 打印车间、矫治器生产车间，耐火等级为一级，如图 2-16~图 2-18 所示。审查意见中提出"成品库、原材料库和包装仓库不应与三楼生产车间设在同一个厂房内，应分开布置"。

（3）某项目 5# 厂房，总建筑面积 9809.83m²，车间部分高度 19.20m，办公部分与车间贴邻布置，地上 5 层，建筑高度 22.20m。车间的火灾危险性为戊类，耐火等级二级，如图 2-19 所示。审查意见中提出，办公部分不属于厂房的辅助性生产用房，与车间应满足防火间距的要求，贴邻布置时，应符合《建规》第 3.4.5 条规定。戊类厂房与民用建筑的耐火等级均为一、二级时，当较高一面外墙为无门、窗、洞口的防火墙，或比相邻较低一座建筑屋面高 15m 及以下范围内的外墙为无门、窗、洞口的防火墙时，其防火间距不限。其安全出口及疏散楼梯间均应独立设置。按照审查意见，修改办公部分较高一面墙为防火墙，取消墙上面开的门，重新布置疏散楼梯。

（4）某新型门窗研发生产车间 5# 综合楼，总建筑面积 2302.99m²，建筑高度 15.90m，地上 4 层，一、二层为研发和生产车间，三、四层为办公和休息区域，车间的火灾危险性为丁类，耐火等级二级，如图 2-20~图 2-22 所示。原设计按照丁类厂房进行防火设计，审查意见中提出，三、四层办公不属于车间的辅助性生产用房，与车间不应布置在同一建筑内。

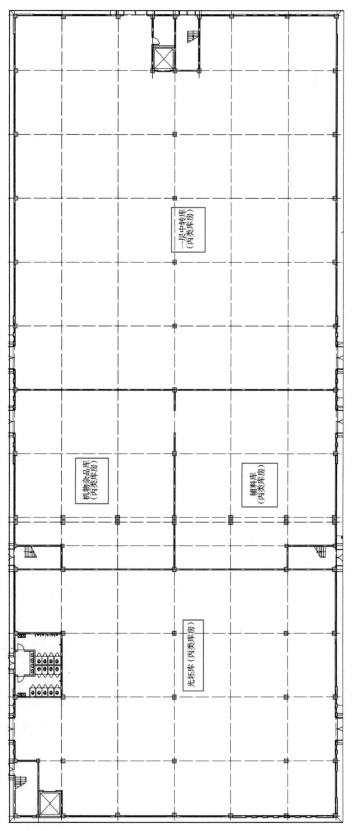

图2-14 某食品饮品配料有限公司冷库一层平面图

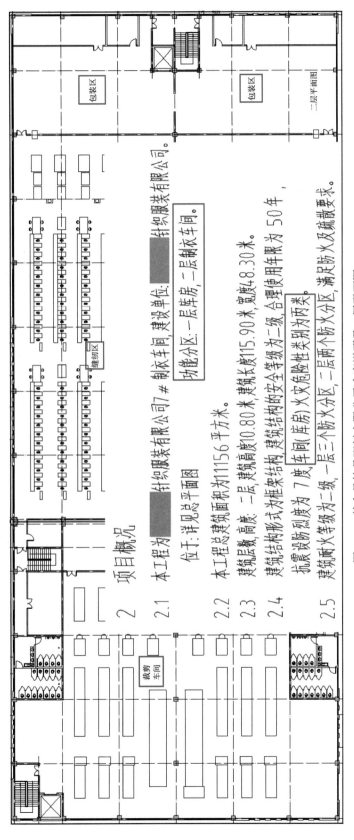

2　项目概况

2.1　本工程为针织服装有限公司7#制衣车间，建设单位：针织服装有限公司。

位于：详见总平面图。

功能分区：一层库房、二层制衣车间。

2.2　本工程总建筑面积为11156平方米。

2.3　建筑层数、高度：二层，建筑高度0.80米，建筑长度115.90米，宽度8.30米。

2.4　建筑结构形式为框架式结构，建筑结构的安全等级为一级，合理使用年限为50年，抗震设防烈度为7度，车间（库房）火灾危险性类别为丙类。

2.5　建筑耐火等级为一级，一层、二层两个防火分区，满足防火及疏散要求。

图2-15　某食品饮料配料有限公司冷库说明及二层平面图

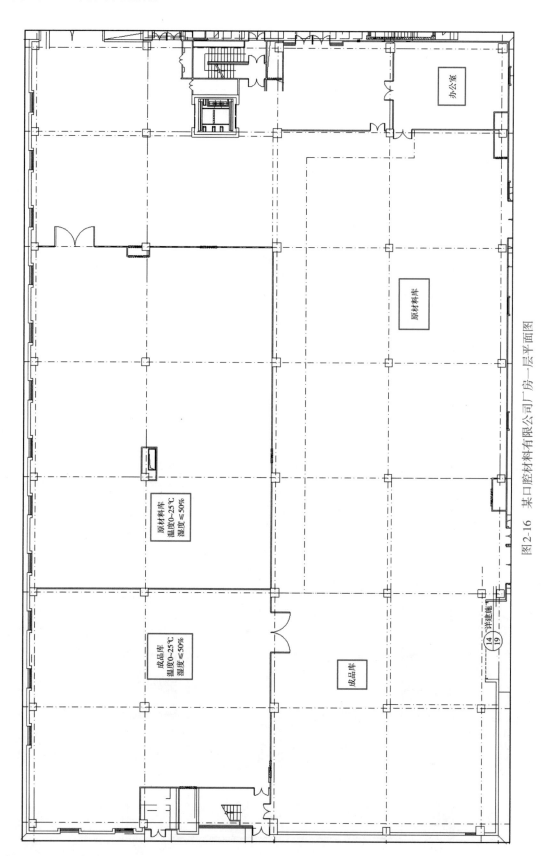

图 2-16 某口腔材料有限公司厂房一层平面图

办公室

原材料库

原材料库
温度0~25℃
湿度≤50%

成品库
温度0~25℃
湿度≤50%

成品库

14 详建施
19

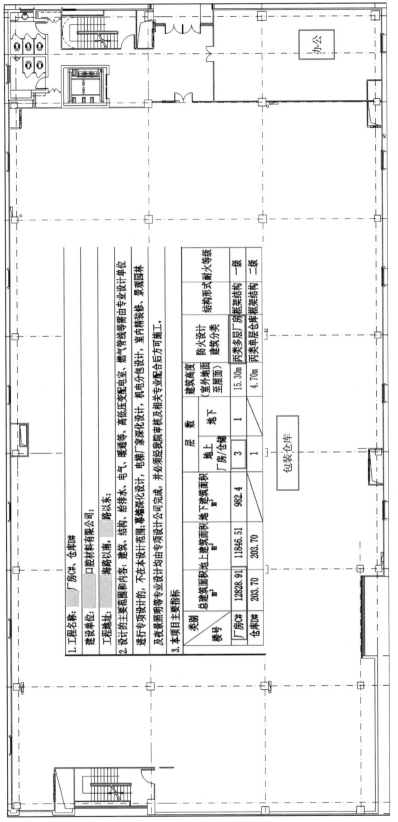

1. 工程名称： 厂房C栋、仓库B栋

建设单位： 口腔材料有限公司；

工程地址： 海路以南、　　　　　　路以东；

2. 设计的主要范围和内容： 建筑、结构、电气、暖通等，给排水、高低压变配电室、燃气管线等需由专业设计单位进行专项设计的、不在本设计范围；基坑深化设计、电梯厂家深化设计、机电分包设计、室内精装修、景观园林及夜景照明等专业设计均由专项设计公司完成，并必须经我院审核及相关专业配合后方可施工。

3. 本项目主要指标

类别 楼号	总建筑面积 m³	地上建筑面积 m²	地下建筑面积 m²	层数			建筑高度 (室外地面 至屋面)	防火设计 建筑分类	结构形式	耐火等级
				地上		地下				
				厂房/仓储						
厂房C栋	12828.91	11846.51	982.4	3		1	15.30m	丙类多层厂房	框架结构	一级
仓库B栋	203.70	203.70		1			4.70m	丙类单层仓库	框架结构	二级

包装仓库

办公

图 2-17　某口腔材料有限公司厂房说明及二层平面图

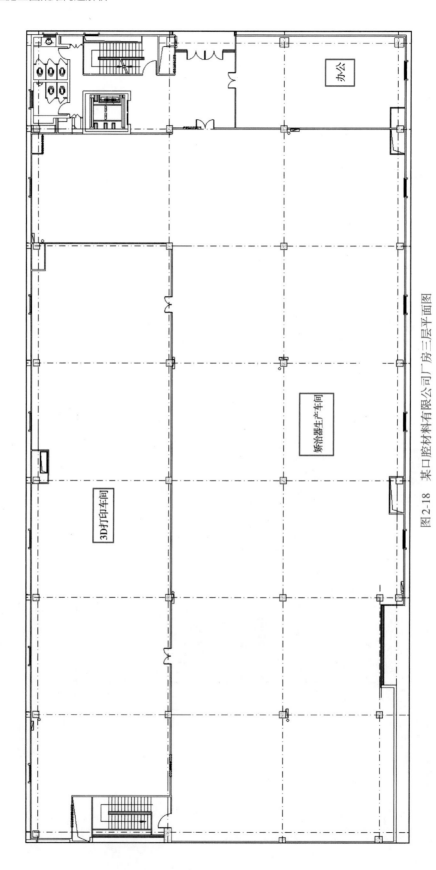

图 2-18 某口腔材料有限公司厂房三层平面图

办公

锻造器生产车间

3D打印车间

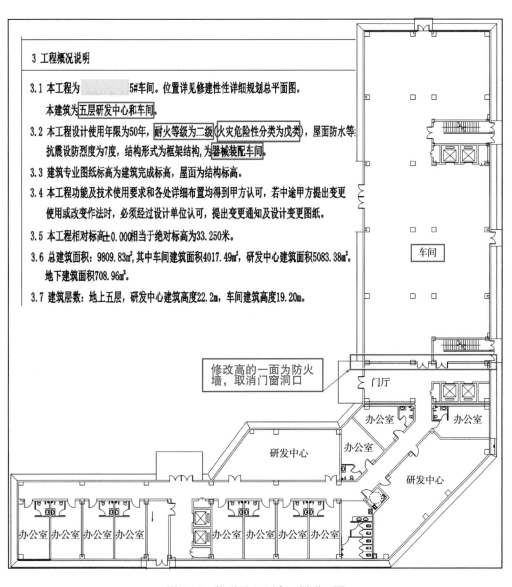

3 工程概况说明

3.1 本工程为＿＿＿＿＿＿＿5#车间。位置详见修建性详细规划总平面图。
　　本建筑为五层研发中心和车间。

3.2 本工程设计使用年限为50年，耐火等级为二级（火灾危险性分类为戊类），屋面防水等
　　抗震设防烈度为7度，结构形式为框架结构，为器械装配车间。

3.3 建筑专业图纸标高为建筑完成标高，屋面为结构标高。

3.4 本工程功能及技术使用要求和各处详细布置均得到甲方认可，若中途甲方提出变更
　　使用或改变作法时，必须经过设计单位认可，提出变更通知及设计变更图纸。

3.5 本工程相对标高±0.000相当于绝对标高为33.250米。

3.6 总建筑面积：9809.83㎡，其中车间建筑面积4017.49㎡，研发中心建筑面积5083.38㎡。
　　地下建筑面积708.96㎡。

3.7 建筑层数：地上五层，研发中心建筑高度22.2m，车间建筑高度19.20m。

车间

修改高的一面为防火墙，取消门窗洞口

门厅

办公室　办公室　办公室

研发中心

研发中心

办公室　办公室　办公室　办公室　　办公室　办公室　办公室　办公室

图 2-19　某项目5#厂房一层平面图

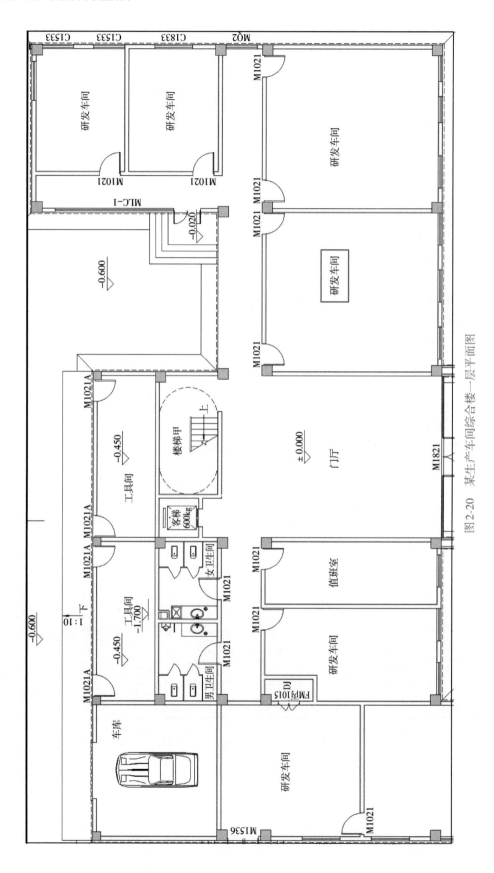

图2-20 某生产车间综合楼一层平面图

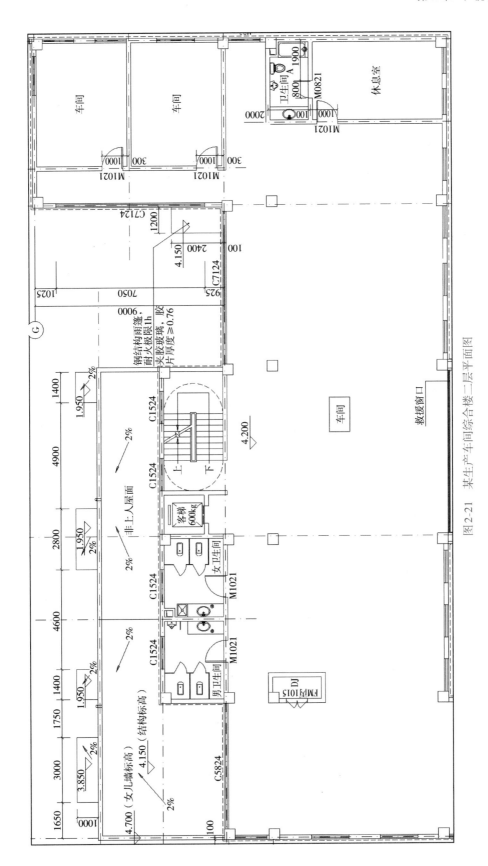

图2-21　某生产车间综合楼二层平面图

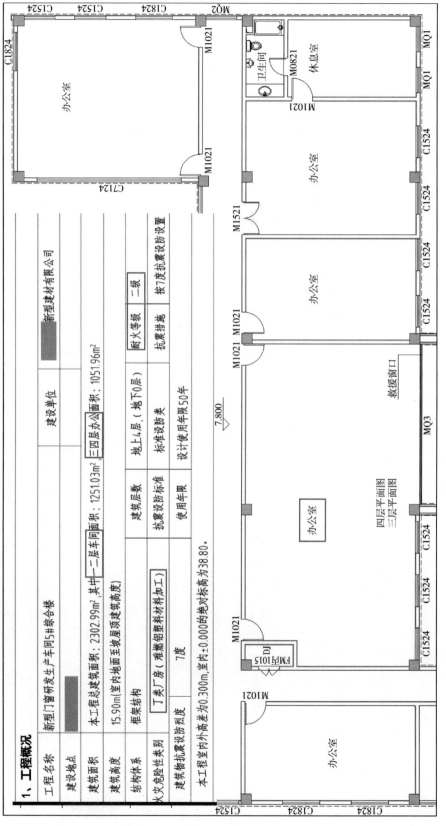

图 2-22 某生产车间综合楼说明及三、四层平面图

Q23 厂房和仓库连廊相接，占地面积超规范，防火间距不满足，可以按一栋建筑进行消防设计吗？连廊的安全出口是否应计入疏散宽度

（1）参照《江苏审验解答》答疑，通过交通连廊连接的厂房和仓库应分别按独立的建筑设计，其防火间距应满足《建规》第3.4.1条要求，仓库占地面积还应满足《建规》第3.3.2条的要求。厂房和仓库建筑属于不同性质，在不满足防火间距要求的情况下，不应组合或采用连廊连接。

（2）参照《安徽审验解答》答疑：

1）厂房和仓库建筑属于不同性质，在不满足防火间距要求时，二者不应组合建造或采用连廊连接。厂房和仓库防火间距满足《建规》第3.4.1条、第3.5.1条、第3.5.2条要求时，可以通过交通连廊，连接的厂房、仓库应分别按独立的建筑设计，仓库占地面积还应满足《建规》第3.3.2条的要求。

2）几个厂房防火间距满足规范要求并通过连廊连接时，应分别按独立的建筑设计；当几个厂房的防火间距不满足规范要求并通过连廊连接时，应按照一个建筑定性。

3）单个仓库的占地面积均应满足规范要求，几个仓库防火间距和占地面积均满足规范要求并通过连廊连接时，可分别按独立的建筑设计。当几个仓库的防火间距不满足规范要求并通过连廊连接时，应按照一个仓库定性，且整个仓库占地面积应满足规范要求。

（3）参照《山东指引》等地方答疑，通过连廊相连的两座建筑物应满足相应防火间距要求。如果连廊本身有通向地面的疏散楼梯，连廊上的门可以作为安全出口使用，计入疏散宽度；如果连廊本身没有通向地面的疏散楼梯，连廊上的门只是相互通向相邻建筑，应视为相邻防火分区借用，借用疏散宽度（即连廊上的门宽）不能超过本防火分区的30%。

（4）参照《山西审查解析》等地方答疑，如利用符合《建规》第6.6.4条的连廊作为安全出口，并计入疏散宽度时，开向连廊的门应为乙级防火门，其周边2m范围内不应开设门窗洞口。计入的疏散宽度不应大于本防火分区所需疏散总净宽度的50%。

（5）参照《建规》第6.6.4条规定，连接两座建筑物的连廊，应采取防止火灾在两座

建筑间蔓延的措施。当仅供通行的连廊采用不燃材料，且建筑物通向连廊的出口符合安全出口的要求时，该出口可作为安全出口。当通过连廊连接的建筑发生火灾时，连廊就成为火灾在建筑间蔓延的通道，因此，在相连通的开口处应采取必要的防火分隔措施。当需要用作人员疏散时，尚应具备以下条件：

1）建筑间的连廊应采用不燃材料，当必须采用难燃或可燃材料建造时，应能确保其不会导致火灾在建筑间蔓延。

2）在建筑通向连廊的开口处，应采取设置甲级防火门、防火卷帘、防火分隔水幕等防止火势蔓延的措施。

3）连接连廊的车间或仓库需利用通向连廊的开口疏散人员时，该连廊不应具有除人员通行外的其他用途。建筑通向连廊处的开口最小净宽度及门的开启方向应符合安全出口的要求。

上述地方规定代表了目前不同省份对于通过连廊相接的厂房和仓库防火设计的不同理解，对连廊相接的厂房和仓库应分别按独立的建筑设计，满足防火间距的规定基本一致。主要差异是对连廊上的门可以作为安全出口使用，但计入疏散宽度的要求不一致。山东等地方规定借用疏散宽度不能超过本防火分区的30%，山西等地方规定不应大于本防火分区所需疏散总净宽度的50%。参照《建规》第5.5.9条规定，一、二级耐火等级公共建筑内借用出口的总宽度不应大于其自身计算所需疏散总净宽度的30%的规定，取不超过自身防火分区的30%比较合理。

【设计审查要点】厂房和仓库属于不同类型的工业建筑，在不满足防火间距要求时，二者不应通过连廊连接。厂房和仓库防火间距满足《建规》要求时，可以通过连廊连接，连接的厂房和仓库应分别按独立的建筑设计，仓库占地面积还应满足《建规》第3.3.2条要求。连廊应仅供人员通行，且其构件和装修材料均应为不燃材料。连接厂房和仓库的连廊应在建筑通向连廊的开口处采取设置防火门、防火卷帘等防止火灾蔓延的措施；对于采用不燃材料构筑且开敞的室外连廊，当建筑之间的间距符合防火间距要求时，可以不采取防火措施。满足规范防火间距要求的相邻建筑通过封闭或非封闭连廊连接时，开向连廊的门可以作为第二安全出口，并能疏散至地面，连廊的最小宽度不应小于所需疏散宽度的要求。

【工程案例辨析】某变速箱生产车间，通过连廊将材料仓库和车间连接，连廊宽度10m，长度45m，二层材料仓库通向连廊的门采用普通门及防火卷帘分隔，材料仓库有一部疏散楼梯通向室外，开向连廊的门作为第二个安全出口，如图 2-23 所示。连廊采用封闭式，屋面采用 125mm 厚玻璃丝棉复合保温夹芯板，墙面采用 75mm 厚夹芯板，如图 2-24 所示。审查意见中提出"连接两座建筑物的连廊，应采取防止火灾在两座建筑间蔓延的措施。当仅供通行的连廊采用不燃材料，且建筑物通向连廊的出口符合安全出口的要求时，该出口可作为安全出口。"整改措施：仓库通向连廊门 GM2021 改为甲级防火门，分隔用的防火卷帘 JM-5035 改为耐火极限 3.0h 的特级防火卷帘。

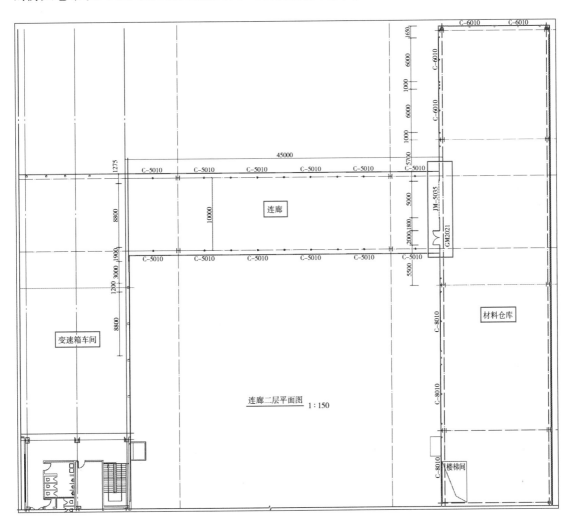

图 2-23　某变速箱生产车间连廊二层平面图

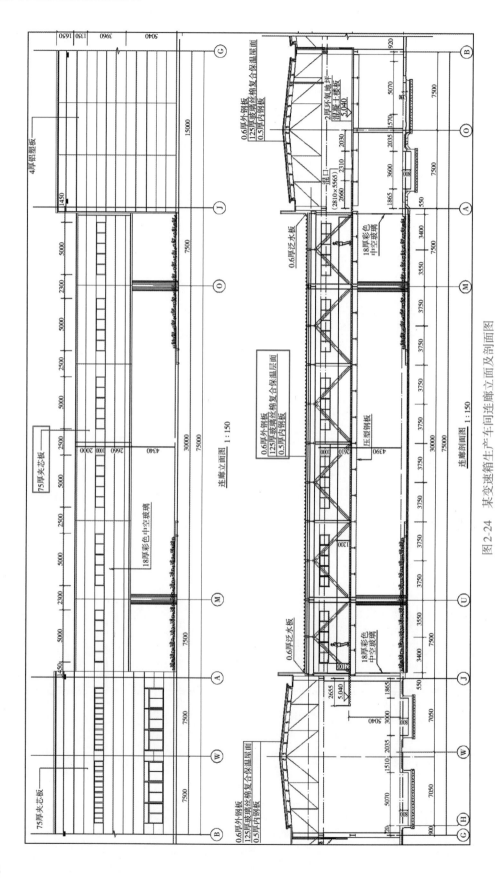

图 2-24 某变速箱生产车间连廊立面及剖面图

◄第 3 节　厂房和仓库的安全疏散►

Q24 厂房首层楼梯间未直通室外，楼梯间至外门的疏散距离有要求吗

（1）参照《山东指引》解答：

1）高层厂房（建筑高度≤32m）和丙类多层厂房的疏散楼梯应采用封闭楼梯间或室外楼梯，楼梯在首层应直通室外，也可以采用扩大封闭楼梯间通向室外。

2）多层丁、戊类厂房可采用敞开楼梯间，应直通室外，或可通过车间通道、疏散走道通至室外，楼梯间至外门的疏散距离不限。

（2）参照《四川审查要点》解答：厂房采用封闭楼梯间，楼梯间在首层应直通室外，确有困难时，可在首层采用扩大的封闭楼梯间。多层丁、戊类厂房可采用敞开楼梯间，楼梯间在首层应直通室外，也可将直通室外的门设置在距楼梯间不大于 15m 处。

（3）参照《江苏审验解答》答疑：4 层及以下的丁、戊类多层厂房可将直通室外的门设置在离楼梯间不大于 15m 处，但应采取相应的防火分隔措施，保证从疏散楼梯通向室外的走道或门厅的防火安全。

（4）参照《海南审验解答》答疑：丁、戊类多层厂房的疏散楼梯间应在首层直通室外，或者经过扩大的封闭楼梯间或防烟楼梯间直通室外。

上述四种规定代表了目前不同省份对于厂房疏散楼梯间在首层直通室外的理解，对采用封闭楼梯间的多、高层厂房首层要求直通室外基本一致，主要差异是对丁、戊类多层厂房疏散楼梯直通室外的要求不一致。由于丁、戊类厂房一般面积大、空间大，火灾危险性小，人员的可用安全疏散时间较长，因此，《建规》对一、二级耐火等级的多层丁、戊类厂房内任一点至最近安全出口距离不限。建议：对一、二级耐火等级的多层丁、戊类厂房，可通过车间通道、疏散走道通至室外，楼梯间至外门的疏散距离可不限。

【设计审查要点】高层厂房和丙类厂房火灾危险性较大，建筑发生火灾时，楼梯是人员的主要疏散通道，要保证疏散楼梯在火灾时的安全，不能被烟或火侵袭，因此，封闭楼梯间在首层应直通室外，或采用扩大封闭楼梯间通向室外。

【工程案例辨析】某环保材料 2#厂房，建筑面积 5879.71m²，建筑高度 23.95m，地上 6 层，生产的火灾危险性为丙类，耐火等级二级，采用封闭楼梯间，楼梯一在首层未直通室外，如图 2-25 所示。审查意见中提出"丙类多层厂房的疏散楼梯应在首层直通室外，或采用扩大封闭楼梯间通向室外"，按照意见修改后平面如图 2-26 所示。

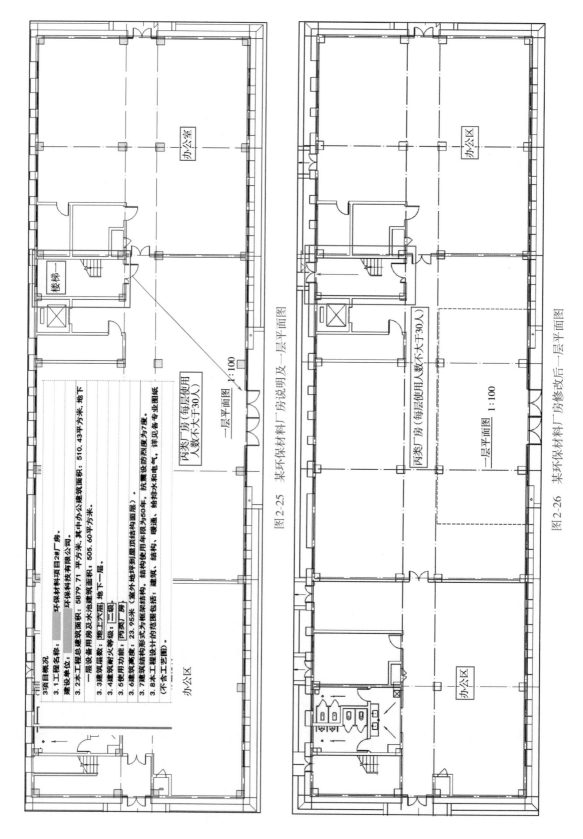

项目概况：
3.1 工程名称：环保材料项目2#厂房。
建设单位：环保科技有限公司。
3.2 本工程总建筑面积：5879.71 平方米，其中办公建筑面积：510.43平方米，地下一层设备用房及水池建筑面积：505.60平方米。
建筑层数：施工大层，地下一层。
3.3 使用功能：丙类厂房。
3.4 建筑耐火等级：二级。
3.5 使用功能：丙类厂房。
3.6 建筑高度：23.95米（室外地坪到屋顶结构面层）。
3.7 建筑结构形式为框架结构，抗震设防烈度为7度。
3.8 本工程设计的范围包括：建筑、结构、暖通、给排水和电气，详见各专业图纸（不含工艺图）。

办公区

丙类厂房（每层使用人数不大于30人）

一层平面图 1:100

图 2-25 某环保材料厂房说明及一层平面图

办公室

楼梯

办公区

丙类厂房（每层使用人数不大于30人）

一层平面图 1:100

图 2-26 某环保材料厂房修改后一层平面图

78

Q25 因生产工艺要求，厂房内分隔出不同的空间，其疏散距离应如何控制

（1）《建规》第3.7.4条的条文说明：本条规定的疏散距离均为直线距离，即室内最远点至最近安全出口的直线距离，未考虑因布置设备而产生的阻挡，但有通道连接或墙体遮挡时，要按其中的折线距离计算。

（2）参照《山东指引》规定，《建规》第3.7.4条的条文说明：本条规定的疏散距离均为直线距离，即室内最远点至最近安全出口的直线距离，未考虑因布置设备而产生的阻挡，当有通道连接或墙体、设备遮挡时，应按行走距离不超过80m计算。同时房间疏散门的数量应符合《建规》第3.7.2条的规定。

人员在火灾条件下安全走出安全出口即认为到达安全地点。火灾危险性类别、耐火等级和厂房层数不同，其疏散难易程度不同，《建规》第3.7.4条分别作了不同的规定。将甲类厂房的最大疏散距离定为30m（单层）和25m（多层）。乙、丙类厂房较甲类厂房火灾危险性小，故乙类厂房的最大疏散距离规定为75m（单层）。丙类厂房中工作人员较多，最大疏散距离规定为80m（单层，一、二级）。丁、戊类厂房火灾危险性较小，因此对一、二级耐火等级的单（多）层丁（戊）类厂房的安全疏散距离不限；三级耐火等级的单层戊类厂房，因建筑耐火等级低，安全疏散距离规定为100m。四级耐火等级的戊类厂房和三级耐火等级的单层丙、丁类厂房相同，安全疏散距离规定为60m。实际建筑由于平面布置的复杂性，厂房内平面分隔和设备布置都对疏散有直接影响，设计人员应根据不同的生产工艺和环境，充分考虑人员的最大疏散距离布置安全出口。

【设计审查要点】

1）《建规》规定的厂房内任意一点至最近安全出口的最大疏散距离，分别是厂房内任意一点至最近安全出口，而不是疏散门的直线距离，当遇到分隔墙体时，应按绕行的各段折线距离之和计算，不考虑设备布置的遮挡。

2）当厂房内设置自动灭火系统或（和）火灾自动报警系统时，该疏散距离的规定值不增加。

3）对于附设在厂房内的办公、休息等生产辅助性用房，其疏散距离应符合《建规》中对相应民用建筑疏散距离的规定。

【工程案例辨析】某兽药生产项目2#车间，建筑面积1192.6m²，建筑高度8.1m，地上1层，为生物制剂的生产提炼车间，生产的火灾危险性为丙类，耐火等级二级，如图2-27所示。审查意见中提出"丙类单厂房内最远点至最近安全出口的疏散距离不应大于80m，直线距离（AD=68.80）<80m，各段折线距离之和（AB+BC+CD=85.314）>80m，应调整安全出口位置。整改措施：在E处增设直接对外出口，最远处A点到E点（虚线路径）疏散距离小于80m。

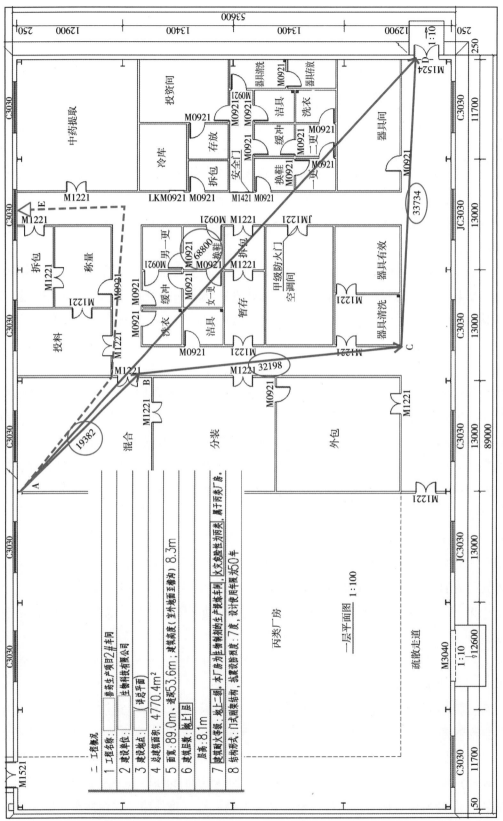

图2-27 某兽药生产车间说明及一层平面图

Q26 设置在丙类厂房（仓库）内的辅助用房，必须设置独立的安全出口吗？对建筑面积的大小是否有要求

（1）依据《建通规》第4.2.2.3条规定：设置在丙类厂房内的辅助用房应采用防火门、防火窗、耐火极限不低于2.00h的防火隔墙和耐火极限不低于1.00h的楼板与厂房内的其他部位分隔，并应设置至少1个独立的安全出口；第4.2.7条规定：丙、丁类仓库内的办公室、休息室等辅助用房，应采用防火门、防火窗、耐火极限不低于2.00h的防火隔墙和耐火极限不低于1.00h的楼板与其他部位分隔，并应设置独立的安全出口。

（2）依据《建规》第3.3.5条的规定：办公室、休息室设置在丙类厂房内时，应采用耐火极限不低于2.50h的防火隔墙和1.00h的楼板与其他部位分隔，并应至少设置1个独立的安全出口。如隔墙上需开设相互连通的门时，应采用乙级防火门；第3.3.9条规定：办公室、休息室设置在丙、丁类仓库内时，应采用耐火极限不低于2.50h的防火隔墙和1.00h的楼板与其他部位分隔，并应设置独立的安全出口。隔墙上需开设相互连通的门时，应采用乙级防火门。

（3）参照《江苏审验解答》答疑：为厂房、仓库提供服务的配套办公室、休息室可以设置在丙、丁类厂房、仓库内，虽然规范对面积没有限制，但一般宜控制在车间、仓库总建筑面积的15%以内。

直接为生产服务的办公室、休息室等辅助用房，是为满足连续生产、产品质量控制所需控制与调度、在线监测、检验与检测的房间，保障生产作业人员职业健康所需临时休息室，保障生产所需设备用房等房间，属于生产性建筑中的不同用途的房间，允许与生产车间合建或直接设置在丙、丁、戊类生产厂房或车间内，不允许设置在甲、乙类生产车间或厂房内。由于生产辅助用房与生产场所的火灾危险性不同，因此需合理确定其布置位置、设置独立的安全出口，采取满足防火要求的分隔措施。《建规》和《建通规》对于车间或仓库内设置辅助用房的规定不完全相同，其中2.50h的防火隔墙变为2.00h的防火隔墙，隔墙上的门未明确应采用乙级防火门，但都要求必须设置独立的安全出口。所谓独立的安全出口，是指该出口不需要经过生产区域即可直接通向室外或疏散楼梯间。对于多层和高层生产厂房，当辅助用房通过单独的安全出口连通至疏散楼梯间的前室或封闭楼梯间，并与生产区域共用疏散楼梯间时，该出口可以视为独立的安全

出口。但是，对于甲、乙类厂房，应在甲、乙类生产区域进入疏散楼梯间前设置防爆门斗。

【设计审查要点】

1）当生产辅助用房的建筑面积较小且分散布置时，可以视作生产过程中具有一定围护结构的工位，其防火要求与所在区域对应类别火灾危险性的生产场所相同。

2）当生产辅助用房的建筑面积较大时，应避开生产厂房中火灾危险性较大的位置集中布置，并设置独立的安全出口。在此情况下，辅助用房的防火要求应符合相应民用建筑的相关规定。

3）当生产车间为丁、戊类火灾危险性时，辅助用房无论建筑面积大小，均允许设置在车间内。对于辅助用房与车间之间的防火分隔和人员疏散等，规范不作强制要求。

【工程案例辨析】某综合维修及仓库，建筑面积600m²，建筑高度8.6m，地上1层（局部2层），为某原油储备库项目的综合维修及仓库，维修车间和仓库的火灾危险性为丙类，耐火等级二级，原一层仓库只有一个直接对外的安全出口，二层辅助用房通过疏散楼梯间进行疏散，如图2-28、图2-29所示。审查意见中提出"二层辅助用房和一层仓库安全出口不应少于2个"。整改措施：二层辅助用房在（A）处增设疏散楼梯，通过一层车间疏散到室外，一层仓库在（B）处增设直接对外出口，如图2-30所示。

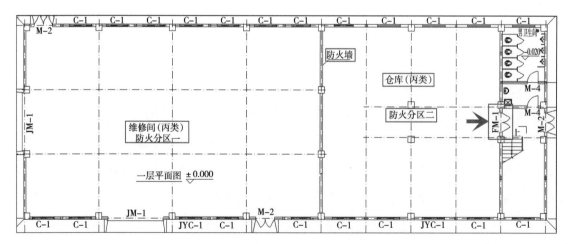

图 2-28　某综合维修及仓库一层平面图

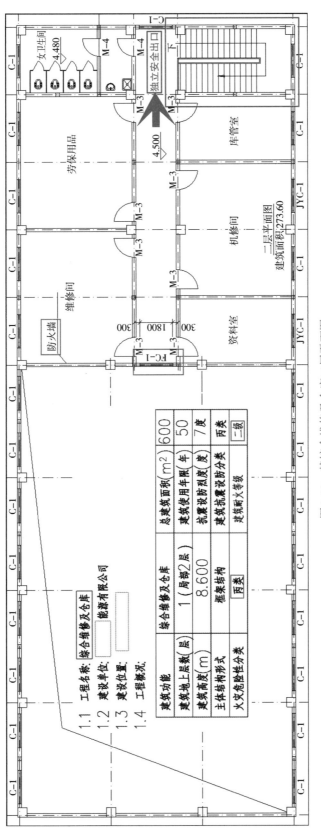

图2-29　某综合维修及仓库一层平面图

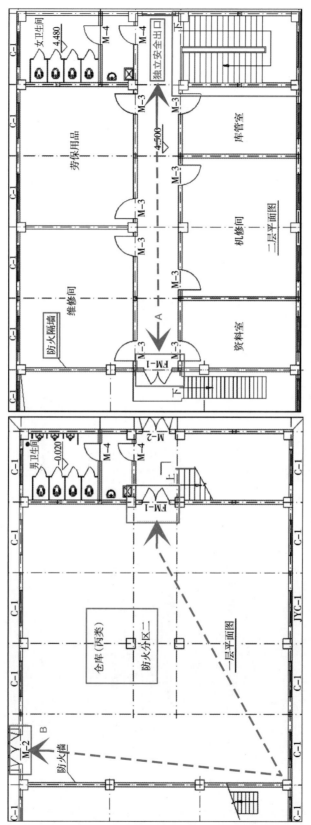

图2-30 某综合维修及仓库修改后平面图

Q27 厂房内通过设置避难走道解决人员疏散是否可行

（1）依据《建规》第 2.1.14 条有关"安全出口"的规定，避难走道属于室内安全区域，其防烟前室的入口为安全出口。考虑到避难走道的安全性能区别于室外安全区域，建筑内人员要尽量通过直通室外的安全出口疏散。当厂房因生产工艺流程的需要，通过直通室外的安全出口疏散难以满足《建规》有关疏散距离的规定时，其疏散距离超长部位的人员可采用避难走道直通室外，有关避难走道的防火设计应符合《建规》第 6.4.14 条的规定。

（2）参照《山东指引》的解答：

1）避难走道不适用于甲、乙类厂房的人员疏散。

2）丙类厂房人员疏散确有困难时，可以采用避难走道疏散，但应符合《建规》的相关规定，地上和地下建筑在确有困难的情况下，可以设置避难走道。

避难走道是建筑中直接与室内的安全出口连接，在火灾时用于人员疏散至室外，并具有防火、防烟性能的走道。《建规》和《建通规》对避难走道是否适用于工业建筑没有明确规定，但实际工程中，越来越多的大型工业建筑不断涌现，这类建筑突出表现在防火分区面积过大、人员疏散距离过长等，且多为单层厂房，给火灾防治带来新的难题。特别是较常见的大型丙类厂房，因工艺布置要求，常规疏散方式很难满足规范要求，通过设置避难走道方式，用于人员安全疏散至室外的走道，不失为一种行之有效的解决方案。由于甲、乙类厂房的火灾危险性大，大多数火灾事故以爆炸为主，破坏性大，且甲、乙类生产涉及行业复杂，不建议采用避难走道方式疏散。

【设计审查要点】避难走道主要用于解决大型建筑中疏散距离过长，或难以按照规范要求设置直通室外的安全出口等问题。避难走道和防烟楼梯间的作用类似，疏散时人员只要进入避难走道，就可视为进入相对安全的区域。为确保人员疏散的安全，当避难走道服务于多个防火分区时，规定避难走道直通地面的出口不少于 2 个，并设置在不同的方向；当避难走道只与一个防火分区相连时，直通地面的出口虽然不强制要求设置 2 个，但有条件时应尽量在不同方向设置出口。避难走道应比照防烟楼梯间设置相应的防烟前室和防烟设施，且直接面向着火区的前室门应为甲级防火门，前室至避难走道的门可采用乙级防火门；前室的使用面积按照规范对相应公共建筑防烟楼梯间前室的要求，不应小于 6.0m^2。

【**工程案例辨析**】 某液体包装纸板工程造纸车间，建筑面积 42276.74m²，车间长 432.3m，宽 55.6m，建筑高度 23.92m，地上 3 层，生产的火灾危险性为丙类，耐火等级二级，工程概况如图 2-31 说明。造纸车间属于湿式造纸联合厂房，纸机烘缸罩内带有自动灭火系统，在完成工段设置水炮灭火设施，整个造纸车间为一个防火分区。车间内共设置了 11 部封闭楼梯间，疏散距离不大于 60m，5#封闭楼梯间位于造纸车间与预留扩建车间中间，考虑到扩建车间建成后，新旧车间将作为一个整体建筑共用 5#封闭楼梯作为疏散楼梯，将导致 5#封闭楼梯间底层无法直通室外，因此设计人员在车间一层Ⓙ、Ⓚ轴之间预先设置好避难走道用于将来车间建成后人员安全疏散到室外，此方案已经当地审图中心审查同意。另外本设计考虑到现阶段只建设造纸车间，在避难走道侧墙上靠近 5#封闭楼梯间底层出口的位置开设疏散门，以便人员以最短距离通过避难走道疏散至室外，如图 2-32 所示。

造纸车间	
3.1.1	造纸车间占地面积19864.35m²，总建筑面积42276.74m²，建筑层数3层，建筑高度23.92m， 生产类别为丙类 属于丙类多层厂房，耐火等级二级 结构形式为钢筋混凝土框排架、轻钢屋面。
3.1.2	防火分区：根据GB50016-2006第3.3.1条注3：一、二级耐火等级的湿式造纸联合厂房，当纸机烘缸罩内设置自动灭火系统，完成工段设置 有效灭火设施保护时，其每个防火分区的最大允许建筑面积可按工艺要求确定。造纸车间属于湿式造纸联合厂房，纸机烘缸罩内带有自动灭火系统， 在完成工段设置水炮灭火设施，故其每个防火分区的最大允许建筑面积可按工艺要求确定，整个造纸车间为一个防火分区。
3.1.3	安全疏散：造纸车间设置11部封闭楼梯间，疏散距离不大于60m。 6-11#封闭楼梯间靠外墙设置，能天然采光和自然通风，底层直通室外。 1-5#封闭楼梯间处于本期BM12造纸车间与将来建设的BM13中间，考虑到BM13建成后，BM12与BM13将作为一个建筑共用1-5#封闭楼梯作为疏散楼梯， 而那时1-5#封闭楼梯间底层将无法直通室外，所以业主要就在本期BM12底层J、K轴之间预先设置好避难走道用于BM13建成后人员安全通行至室外，此消防方案 由业主报消防局备案。 另外本设计考虑到现阶段只建设BM12造纸车间，在避难走道侧墙上靠近1-5#封闭楼梯间底层出口的位置开门，以便人员以最短距离通过避难走道疏散至室外。 在丙类厂房内设置的办公室、休息室，应采用耐火极限不低于2.50h 的不燃烧体隔墙和1.00h 的楼板与厂房隔开，并应至少设置1个独立的安全出口。如隔墙上 需开设相互连通的门时，应采用乙级防火门。

图 2-31　某造纸车间说明

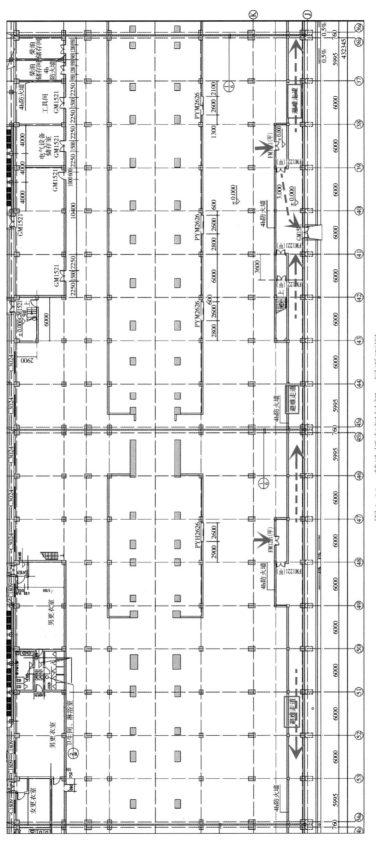

图 2-32　某造纸车间局部一层平面图

◀第 4 节　钢结构厂房防火要求▶

Q28 屋顶承重包括哪些部位或构件，钢结构檩条有防火要求吗

（1）参照《建钢规》第 3.1.1 条的条文说明，根据受力性质不同，屋盖结构中的檩条可分为两类：第一类檩条仅对屋面板起支承作用，此类檩条破坏，仅影响局部屋面板，对屋盖结构整体受力性能影响很小，即使在火灾中出现破坏，也不会造成结构整体失效。因此，不应视为屋盖主要结构体系的一个组成部分。对于这类檩条，其耐火极限可不作要求；第二类檩条除支承屋面板外，还兼作纵向系杆，对主结构（如屋架）起到侧向支撑作用或作为横向水平支撑开间的腹杆。此类檩条破坏可能导致主体结构失去整体稳定性，造成整体倾覆。因此，此类檩条应视为屋盖主要结构体系的一个组成部分，其设计耐火极限应按《建钢规》表 1 对"屋盖支撑、系杆"的要求取值。其他钢屋盖结构构件，均属屋顶承重构件，其耐火极限要求应按《建规》第 3.2.1 条表 3.2.1 中的"屋顶承重构件"取值。

（2）参照《石家庄审查指南》规定：屋顶承重构件是指承受屋面板及屋面上其他荷载的结构梁、屋顶网架结构或屋盖结构体系中的屋面支撑、系杆等，即当这种构件一旦失去承载能力，屋顶将会发生大面积坍塌。当屋面板下部有屋面梁等受力构件，屋面板仅起围护作用时，该屋面板不是屋顶承重构件，例如由网架结构和屋面板构成的屋顶的屋面板；当屋面板既要具备将屋面荷载传递至其下部的梁或墙柱，又要具有围护的功能时，该屋面板应视为屋顶承重构件，例如壳体结构、穹顶结构的屋顶、部分多层建筑的预应力预制屋面板；对于起屋顶围护作用的屋面板，主要有现浇钢筋混凝土板、预制钢筋混凝土板、檩条与其他块状板材组合的屋面板、其他有檩条体系的屋面板和结构受力与围护一体的壳体屋面板。对于起围护作用的屋面板体系，当部分屋面板或檩条受到破坏或失去承载能力，不会导致屋顶大面积坍塌。工业建筑中此类屋面板的耐火极限及燃烧性能应符合《建规》第 3.2.15 条、第 3.2.16 条的规定。对于既作围护又起承重作用的屋面板，如梁板一体结构或结构受力与围护一体的壳体屋面板，则需要按照屋顶承重结构确定其耐火性能。

（3）参照《甘肃审查要点》规定：轻型木结构建筑的屋顶，除防水层、保温层及屋面板外，其他部分均应视为屋顶承重构件，且不应采用可燃性构件，耐火极限不应低于 0.50h。

屋顶构件是否是受力构件，取决于当这种构件一旦失去承载能力，屋顶是否会发生大面积坍塌。上述三种规定对于工业建筑屋顶承重构件的理解基本一致。按照《建钢规》条文说明，檩条分为第一类檩条和第二类檩条：第一类檩条不影响主结构，在火灾下破坏，主结构也不会很快倒塌，此时不用防火，比如网架檩条。第二类檩条是作为主体结构的侧向约束作用，此时需要防火。厂房的檩条需不需要防火主要看结构如何设计。如果钢梁或门式刚架梁平面外计算长度取纵向系杆间距，且系杆都是通长的，此时屋面檩条无须防火，如果钢梁或门式刚架梁平面外稳定考虑了檩条作用，此时就需要考虑防火。《甘肃审查要点》单独对木结构屋顶承重构件及耐火极限给出了规定，可供设计人员参考。

【设计审查要点】《建规》对屋顶非承重构件，耐火极限不要求，可以不做防火保护。对屋顶承重构件，耐火极限有要求。通常，无防火保护钢构件的耐火时间为 0.25～0.50h，达不到绝大部分建筑构件的设计耐火极限，需要进行防火保护。防火保护应根据工程实际选用合理的防火保护方法、材料和构造措施，做到安全适用、技术先进、经济合理。防火保护层的厚度应通过构件耐火验算确定，保证构件的耐火极限达到规定的设计耐火极限。另外，一、二级耐火等级厂房（仓库）的屋面板应采用不燃材料，且对于上人平屋顶，其屋面板的耐火极限分别不应低于 1.50h 和 1.00h。

【工程案例辨析】

1）某石业有限公司 1#厂房，建筑面积 28099.85m²，建筑高度 9.15m，地上 1 层，生产的火灾危险性为丁类，耐火等级二级，结构类型为门式刚架，采用压型钢板轻型屋面。门式刚架柱、梁耐火极限分别为 2.5h 和 1.5h，檩条耐火极限 1.0h，梁、柱及檩条均刷厚涂型防火涂料，如图 2-33 所示。屋面沿轴线及屋脊设置通长水平系杆，如图 2-34 所示。如果按照这种方式布置系杆和支撑，刚架梁面外计算长度取 7.0m 计算，则屋面檩条无须防火。

2）某汽车配件项目 1#生产车间，建筑面积 1020.65m²，建筑高度 9.30m，地上 1 层，生产的火灾危险性为戊类，耐火等级二级，结构类型为门式刚架，采用压型钢板轻型屋面。梁、柱、支撑及系杆均刷防火涂料，其中刚架柱及柱间支

工程概况：
1. 工程名称：_____有限公司厂区 项目名称：1#厂房
2. 建设单位：_____有限公司
3. 建设地点：_____
4. 本项目总建筑面积：28099.85m²
5. 本项目建筑占地面积：28099.85m²
6. 建筑功能：生产车间
7. 建筑高度和层数：高度9.150米(室外地坪至屋顶檐口)，层数：一层
8. 建筑耐久年限：25年
9. 火灾危险性类别：丁类
10. 建筑耐火等级：二级
11. 抗震设防烈度：7度
12. 结构类型：钢结构
8.1本工程耐火等级为二级，钢梁全属构件均需刷防火涂料，使其耐火等级达到二级，防火涂料为非膨胀型，热传导系数0.1[W/m℃]，密度680（kg/m³），热比1000（J/(kg℃)）钢柱、支撑刷42mm厚，钢梁刷30mm厚。

檩条耐火极限	1.0小时
钢柱、支撑、系杆耐火极限	2.5小时
钢梁耐火极限	1.5小时

图 2-33 某 1#厂房防火说明

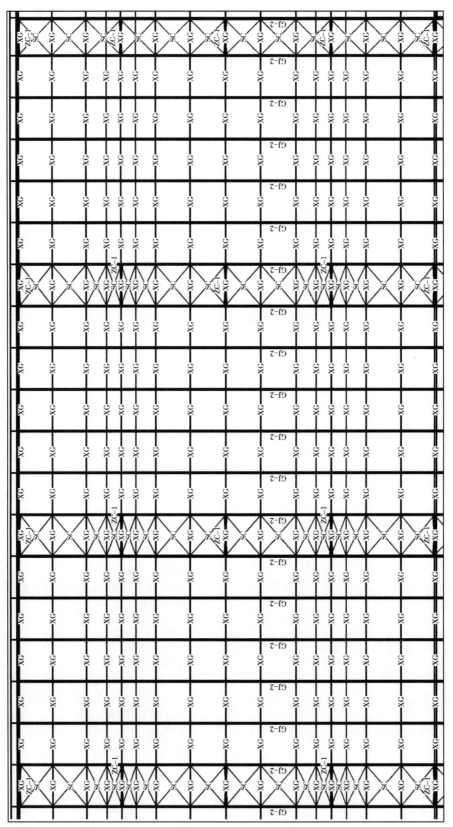

图2-34 某1#厂房屋面结构置图

撑、柱间系杆耐火极限要求不小于 2.5h，刚架梁及屋面支撑、屋面系杆耐火极限要求不小于 1.0h，如图 2-35 所示。屋面沿檐口及屋脊处设置通长水平系杆，檩条间距 1.5m。如果按照这种方式布置系杆和檩条，刚架梁面外计算长度取 3m，如图 2-36 所示，则需要考虑檩条和隅撑的作用，此时檩条需要防火，且耐火极限要求不小于 1.0h。

2、项目概况

2.1　项目名称：　　　汽车配件项目 1# 生产车间；建设地点：　　　潍坊路以南、山西路以东。
　　建设单位：　　　系统有限公司。

2.2　本工程总建筑面积为 1020.65m²。

2.3　建筑层数：地上一层；建筑高度：9.30m（建筑室内地面至女儿墙高度）。

2.4　建筑结构形式门式刚架结构，抗震设防类别为标准设防类，设计使用年限为 50 年，抗震设防烈度为 7 度。

2.5　建筑耐火等级为二级。

2.6　火灾危险性类别：戊类车间。

6、钢结构防火

6.1　本工程耐火等级为二级，选用防火涂料热传导系数不大于 0.1[W/(m.℃)]。

承重钢柱及柱间支撑、柱间系杆耐火极限要求不小于 2.5 小时，屋面钢梁及屋面支撑、屋面系杆耐火极限要求不小于 1.0 小时。防火涂料的品种、厚度符合《钢结构防火涂料应用技术规程 T/CECS24-2020》，由业主会同当地消防部门协商执行，并应与防锈性油漆进行相容性试验，试验合格后方可使用。设计厚度见表 1。钢构件防火应按建筑专业及当地消防部门的要求，达到其耐火极限。钢结构已按结构耐火承载力极限状态进行耐火验算与防火设计，满足设计要求。

图 2-35　某 1# 生产车间防火说明

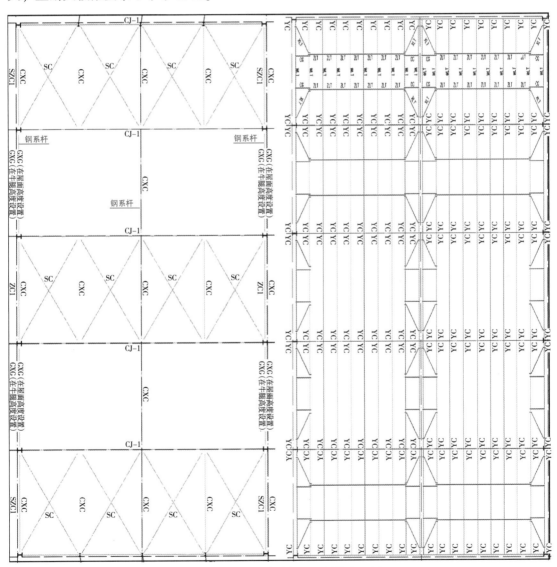

图 2-36　某 1# 生产车间屋面结构布置图

Q29 钢结构厂房采用膨胀型和非膨胀型涂料有什么区别，除防火涂料外，钢结构还有哪些防火保护措施及要求

（1）依据《钢涂》第4.1.4条、第5.1.5条，膨胀型钢结构防火涂料是指涂层在高温时膨胀发泡，形成耐火隔热保护层的钢结构防火涂料；非膨胀型钢结构防火涂料是指涂层在高温时不膨胀发泡，其自身成为耐火隔热保护层的钢结构防火涂料。第5.1.5条，膨胀型钢结构防火涂料的涂层厚度不应小于1.5mm，非膨胀型钢结构防火涂料的涂层厚度不应小于15mm。钢结构防火涂料的耐火极限分为：0.50h、1.00h、1.50h、2.00h、2.50h和3.00h。普通钢结构防火涂料用 F_p 表示，特种钢结构防火涂料用 F_t 表示，如 $F_p0.50$ 表示耐火极限为0.5h，$F_t3.00$ 表示耐火极限为3h。

（2）依据《建钢规》第4.1.2条规定，钢结构的防火保护可采用下列措施之一或其中几种的复（组）合：

1）喷涂（抹涂）防火涂料。

2）包覆防火板。

3）包覆柔性毡状隔热材料。

4）外包混凝土、金属网抹砂浆或砌筑砌体。

第4.1.3条规定，钢结构采用喷涂防火涂料保护时，应符合下列规定：

1）室内隐蔽构件，宜选用非膨胀型防火涂料。

2）设计耐火极限大于1.50h的构件，不宜选用膨胀型防火涂料。

3）室外、半室外钢结构采用膨胀型防火涂料时，应选用符合环境对其性能要求的产品。

4）非膨胀型防火涂料涂层的厚度不应小于10mm。

5）防火涂料与防腐涂料应相容、匹配。

第4.2.1条规定，钢结构采用喷涂非膨胀型防火涂料保护时，有下列情况之一，宜在涂层内设置与钢构件相连接的镀锌铁丝网或玻璃纤维布：

1）构件承受冲击、振动荷载。

2）防火涂料的黏结强度不大于0.05MPa。

3）构件的腹板高度大于500mm且涂层厚度不小于30mm。

4）构件的腹板高度大于500mm且涂层长期暴露在室外。

（3）依据《钢涂规》第3.2.2～3.2.8条规定，设计耐火极限大于1.50h的构件，宜选用非膨胀型钢结构防火涂料或环氧类膨胀型钢结构防火涂料；设计耐火极限大于1.50h的全钢结构建筑，宜选用非膨胀型钢结构防火涂料或环氧类膨胀型钢结构防火涂料；除钢管混凝土柱外，设计耐火极限大于2.00h的构件应选用非膨胀型钢结构防火涂料或环氧类膨胀型钢结构防火涂料；设计耐火极限大于2.00h的钢管混凝土柱，既可选用膨胀型钢结构防火涂料，也可选用非膨胀型钢结构防火涂料；室内隐蔽钢结构，宜选用非膨胀型防火涂料或环氧类钢结构防火涂料；室外或露天工程的钢结构应选用室外钢结构防火涂料；石化工程钢结构建筑，应选用室外非膨胀型钢结构防火涂料或室外环氧类膨胀型钢结构防火涂料。

（4）依据《钢涂规》第3.3条规定，当防火涂料型式检验报告或型式试验报告未标明在防火涂料检测过程中防火涂层内有加网情况时，若涂层较厚，宜采取加网施工措施，并宜符合下列规定：

1）非膨胀型钢结构防火涂料涂层厚度≥25mm时，宜在钢结构防火涂层内加网施工。

2）非环氧类膨胀型钢结构防火涂料涂层厚度≥3mm、环氧类膨胀型钢结构防火涂料涂层厚度≥8mm时，宜在钢结构防火涂层内加网施工；下列钢结构，若不能提供相应尺寸构件的防火涂料型式检验报告或型式试验报告，应在非膨胀型钢结构防火涂料涂层内加网施工：

1）腹板高度（H）或翼缘宽度（B）≥500mm的H型钢和T型钢构件。

2）腰高度（h）或腿宽度（b）≥500mm的工字钢、槽钢构件。

3）任意一边宽度≥500mm的角钢构件。

4）边长A、B值≥500mm的方形钢管构件、矩形钢管构件。

5）直径≥600mm的钢柱；钢板剪力墙平面面积≥8m² 或承重柱（包括斜撑）、转换梁、结构加强层桁架的耐火极限≥4.00h时，应在钢结构防火涂层内加网施工。加网材料宜选用铁丝网、耐碱玻璃纤维网或碳纤维网。

钢结构构件的设计耐火极限能否达到要求，是关系到建筑结构安全的重要指标。通常，无防火保护钢构件的耐火时间为0.25～0.50h，达不到绝大部分建筑构件的设计耐火极限，钢结构在火灾的高温作用下，强度会大幅度下降。当温度达到约500℃时，钢材的强度只有常温下强度的一半，钢结构构件在升温过程中会逐渐丧失其承载力，因此需要进行防火保护。钢结构防火保护措施应按照安全可靠、经济实用的原则选用，设计人员必须立足于保护有效的条件下，针对现场的具体情况，考虑结构构件的具体受力形式和环境因素，选择施工简便、易于保证施工质量的方法。钢结构或其他金属结构的防火保护措施，一般包括无机耐火材料包覆和防火涂料喷涂等方式，考虑到砖石、砂浆、防火板等无机耐火材料包覆的可靠性更好，应优先采用。外包防火材料是绝大部分钢结构工程采用的防火保护方法。根据防火材料的不同，又可分为：喷涂（抹涂、刷涂）防火涂料，包覆防火板，包覆柔性毡状隔热材料，外包混凝土、砂浆或砌筑砖砌体，复合防火保护等，表2-4给出了这些方法的特点及适应范围。钢结构防火涂料是指施涂于钢结构表面，能形成耐火隔热保护层以提高钢结构耐火性能的一类防火材料，根据高温下钢结构防火涂层遇火变化的情况可分膨胀型和非膨胀型两大类，膨胀型防火涂料又称薄型防火涂料，这种涂料具有较好的装饰性，非膨胀型防火涂料又称厚型防火涂料。

表 2-4　钢结构防火保护方法及适应范围

防火方法		适应范围
喷涂防火涂料	a. 膨胀型（薄型、超薄型）	用于设计耐火极限要求低于 1.5h 的钢构件和要求外观好、有装饰要求的外露钢结构
	b. 非膨胀型（厚型）	耐久性好、防火、保护效果好
包覆防火板		预制性好，完整性优，性能稳定，表面平整、光洁，装饰性好，施工不受环境条件限制，特别适用于交叉作业和不允许湿法施工的场合
包覆柔性毡状隔热材料		隔热性好，施工简便，造价较高，适用于室内不易受机械伤害和免受水湿的部位
外包混凝土、砂浆或砌筑砖砌体		保护层强度高、耐冲击，占用空间较大，在钢梁和斜撑上施工难度大，适用于容易碰撞、无护面板的钢柱防火保护
复合防火保护	非膨胀型+包覆防火板	有良好的隔热性和完整性、装饰性，适用于耐火性能要求高，并有较高装饰要求的钢柱、钢梁
	非膨胀型+包覆柔性毡状隔热材料	

【设计审查要点】钢结构构件的防火保护措施主要有包敷不燃材料和喷涂防火涂料两种。包敷不燃材料包括：在钢结构外包敷防火板，砌砖、砌混凝土砌块，包敷柔性毡状材料等方法使其达到相应的耐火极限。对于建筑中梁、柱等主要承重构件，且耐火极限在 1.5h 以上的，建议采用包敷不燃材料或采用非膨胀型（即厚型）防火涂料。防火涂料的导热系数是衡量其隔热性能的一个重要参数，导热系数越小，说明其隔热性能越好。另外，进行钢结构抗火计算时，防火涂料的导热系数、比热容和表观密度是必要参数。

【工程案例辨析】某化工企业 3#高性能涂料车间，建筑面积 3177.0m²，建筑高度 21.5m，地上 4 层，生产的火灾危险性为甲类，耐火等级二级，钢框架结构，如图 2-37 所示。框架柱、梁耐火极限分别为 2.5h 和 1.5h，柱喷涂 40mm 厚涂型防火涂料，梁喷涂 7mm 薄涂型防火涂料。防火墙采用 150mm 厚的 NALC 板，耐火极限 4.0h，工程概况如图 2-38 说明。该涂料车间划分为二个防火分区，①~⑦轴线一~四层为防火分区一，⑦~⑬轴线一~四层为防火分区二，⑦轴线从一层到顶层设置防火墙，如图 2-39 所示。审查意见中提出防火墙下梁、柱耐火极限不应低于 4.0h，且不宜采用膨胀型防火涂料。修改后防火墙及防火隔墙下钢梁、柱采用 S50NALC 板进行防火保护，梁耐火极不低于 5.0h，柱耐火极限不低于 4.0h，满足规范要求，如图 2-40 所示。

工程概况
(1) 工程名称：年产饱和聚酯树脂10000 吨、聚酯改性丙烯酸树脂10000 吨、高性能涂料30000 吨、核壳乳液10000 吨项目3#高性能涂料车间
(2) 建设单位：□□□化工有限公司
(3) 建设地点：□□□
(4) 建筑层数：四层；建筑总高度：21.5m（女儿墙顶）
(5) 屋面防水等级：Ⅱ级
(6) 建筑设计使用年限：50 年；建筑耐火等级：二级
(7) 总建筑面积：3177.00m²
(8) 建筑结构形式：框架结构
防火设计
1. 设计□□□
2. 概述：本工程为多层车间，框架结构，建筑高度21.5m（女儿墙顶），耐火等级为二级，总建筑面积3177.00m²。根据工艺条件，该车间涉及的物料为聚酯改性丙烯酸树脂、二甲苯、醋酸丁酯、硫酸钡、有机膨润土，故确定车间的火灾危险性类别为甲类。
3. 总平面 该单体与周围各建构筑物间距满足相关规范要求，详见总平面图。
4. 防火分区 该建筑划分为两个防火分区，详见防火分区示意图，满足《建筑设计防火规范》第3.3.1条的规定。
5. 本工程设置墙坡防止可燃液体流散，其管、沟不应与相邻厂房的管、沟相通，下水道应设置隔油设施。
6. 消防疏散 1)该车间每个防火分区设置两个直通室外的安全出口、设置两部疏散楼梯，满足《建筑设计防火规范》3.7.1、3.7.4、3.7.5 的要求。
2)建筑内部装修不应遮挡消防设施、疏散指示标志及安全出口，并且不应妨碍消防设施和疏散走道的正常使用。
因特殊要求做改动时，应符合国家有关消防规范和法规的规定。

图 2-37　某 3#高性能涂料车间防火说明

9、防火构造措施

本工程火灾危险性类别为甲类，耐火等级为二级。各构件耐火极限满足《建筑设计防火规范》

3.2.1、3.2.12 的相关规定。各主要构件耐火性能见下表：

序号	构件名称	性质	结构厚度或截面尺寸	耐火极限（h）	耐火性能
1	柱、柱间支撑	钢（刷防火涂料）	厚涂型防火涂料40mm厚	2.5＝限值2.5	不燃烧体
2	梁、梁间支撑	钢（刷防火涂料）	薄涂型防火涂料7mm厚	1.5＝限值1.5	不燃烧体
3	非承重外墙1	混凝土多孔砖	240mm	8.0＞0.25	不燃烧体
4	防火墙	NALC板	150mm	4.0＝限值4.0	不燃烧体
5	非承重外墙2	彩色钢板岩棉夹芯板	80mm	0.5＞0.25	不燃烧体
6	楼梯间隔墙	NALC板	100mm	3.23＞限值2.0	不燃烧体
7	楼梯间屋面	钢（刷防火涂料）	薄涂型防火涂料5.5mm厚	1.0＞1.0	不燃烧体
8	疏散楼梯	钢（刷防火涂料）	薄涂型防火涂料5.5mm厚	1.0＞1.0	不燃烧体
9	屋面	彩色钢板岩棉夹芯板	80mm	0.5＝0.5	不燃烧体
10	屋面承重构件	钢檩条（刷防火涂料）	200X70X20X2.5（C型钢）薄涂型防火涂料5.5mm厚	1.0＝限值1.0	不燃烧体

注：钢柱、钢梁及楼板防火构造措施：防火涂料的类型在耐火极限满足规范要求的情况下，可以选择超薄涂型。

钢构件涂装、防锈工程及防火涂料做法

1、除锈：所有金属构件均应进行除锈处理，各单项钢结构在涂装前，

《涂装前钢材表面锈蚀等级和除锈等级》规定的级别。

2、油漆：所有金属构件除锈后，涂刷防腐底配套漆、防腐面漆。

凡施工时由于焊接或磕碰造成的油漆面层破损处，在安装工作完成后需按上述要求补做防护涂装。

3、存在腐蚀介质直接作用的部位，其面层需做防腐结构胶饰面处理，具体由专业单位配合并施工。

4、其它钢配件除锈后，涂刷防锈漆2道。

5、所有钢构件的防火涂料均应选用室内型，涂料种类及其涂层的最小厚度应根据下表选用。

涂层厚度还应参考选用涂料的厂家资料，且耐火极限大于1.5h时，应选择厚涂型防火涂料。

涂料类型＼耐火极限	0.5h	1.0h	1.5h	2.0h	2.5h	3.0h
薄涂型防火涂料涂层厚度	3.0mm	5.5mm	7.0mm			
厚涂型防火涂料涂层厚度		15mm	20mm	30mm	40mm	50mm

注：a、涂层厚度还应参考选用涂料的厂家资料，且耐火极限大于1.5h时，应选择厚涂型防火涂料。

b、根据《<建筑钢结构防火技术规范>》 《<钢结构防火涂料应用技术规范>》

对于不满足耐火极限要求的钢构件应采用防火涂料进行防火处理。

c、钢柱、钢梁及其他钢构件的防火构造措施：防火涂料的类型在耐火极限满足规范要求的情况下，可以选择超薄涂型。

图 2-38　某 3#高性能涂料车间防火构造措施

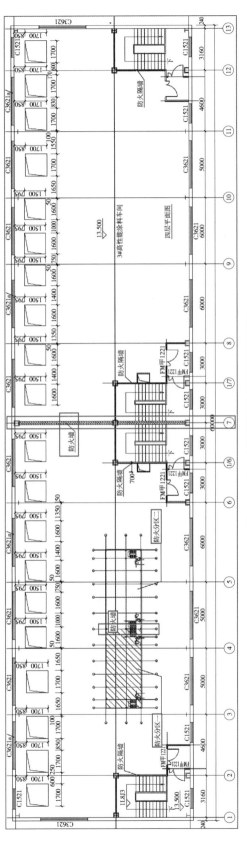

图 2-39　某 3# 高性能涂料车间四层平面图

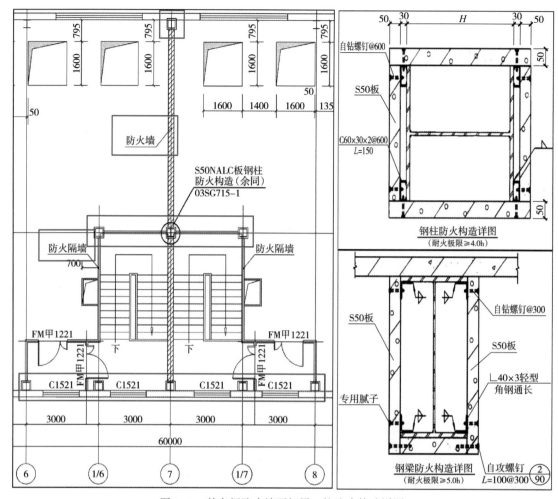

图 2-40　某车间防火墙下钢梁、柱防火构造详图

Q30 防火墙与防火隔墙有什么区别？防火墙能否采用轻质墙板

（1）防火墙就是防止火灾蔓延至相邻建筑或相邻水平防火分区且耐火极限不低于3.00h 的不燃性墙体。依据《建通规》第6.1.1条、第6.1.2条、第6.1.3条规定，防火墙应直接设置在建筑的基础或具有相应耐火性能的框架、梁等承重结构上，并应从楼地面基层隔断至结构梁、楼板或屋面板的底面。防火墙与建筑外墙、屋顶相交处，防火墙上的门、窗等开口，应采取防止火灾蔓延至防火墙另一侧的措施。防火墙任一侧的建筑结构或构件以及物体受火作用发生破坏或倒塌并作用到防火墙时，防火墙应仍能阻止火灾蔓延至防火墙的另一侧。防火墙的耐火极限不应低于3.00h。甲、乙类厂房和甲、乙、丙类仓库内的防火墙，耐火极限不应低于4.00h。

（2）防火隔墙就是建筑内防止火灾蔓延至相邻区域且耐火极限不低于规定要求的不燃性墙体。依据《建通规》第 6.2.1 条、第 6.2.2 条规定，防火隔墙应从楼地面基层隔断至梁、楼板或屋面板的底面基层，防火隔墙上的门、窗等开口应采取防止火灾蔓延至防火隔墙另一侧的措施。第 4.2.2 条规定，设置在丙类厂房内的辅助用房应采用防火门、防火窗、耐火极限不低于 2.00h 的防火隔墙和耐火极限不低于 1.00h 的楼板与厂房内的其他部位分隔。第 4.2.7 条规定，丙、丁类仓库内的办公室、休息室等辅助用房，应采用防火门、防火窗、耐火极限不低于 2.00h 的防火隔墙和耐火极限不低于 1.00h 的楼板与其他部位分隔。第 5.2.4 规定，丙、丁类物流建筑的物流作业区域与辅助办公区域之间应采用耐火极限不低于 3.00h 的防火隔墙和耐火极限不低于 2.00h 的楼板分隔。

（3）依据《建规》第 3.3.6 条、第 3.3.7 条规定，厂房内设置中间仓库时，丁、戊类中间仓库应采用耐火极限不低于 2.00h 的防火隔墙和 1.00h 的楼板与其他部位分隔；第 3.6.9 条规定，有爆炸危险的甲、乙类厂房的分控制室宜独立设置，当贴邻外墙设置时，应采用耐火极限不低于 3.00h 的防火隔墙与其他部位分隔。

（4）防火墙与防火隔墙的异同点：

1）防火隔墙允许直接设置在耐火楼板上，而防火墙在通常情况下不允许直接设置在耐火楼板上。

2）防火墙和防火隔墙均要求具备一定的耐火极限，但防火隔墙要求一般较防火墙低。在甲、乙类厂房中，当部分防火分区为丙、丁、戊类生产场所时，除要求这些场所与甲、乙类生产场所之间防火墙的耐火极限不低于 4.00h 外，丙、丁、戊类生产场所之间防火墙的耐火极限仍可以按照不低于 3.00h 确定。同样，在甲、乙、丙类仓库中，当存在丁、戊类储存场所时，设置在丁类储存场所之间、丁类储存场所与戊类储存场所之间的防火墙，墙体的耐火极限仍可按照不低于 3.00h 确定，但设置在甲、乙、丙类储存场所之间，或甲、乙、丙类储存场所与丁、戊类储存场所之间的防火墙，墙体的耐火极限不应低于 4.00h。设置在建筑中不同部位的防火隔墙，耐火极限一般要求不低于 1.00h，多数防火隔墙的耐火极限要求不低于 2.00h。因此，绝大部分防火隔墙的耐火极限低于防火墙的耐火极限要求，且低于 3.00h，少数防火隔墙的耐火极限要求为 3.00h 或更高。

3）防火隔墙和防火墙均要求对墙体上的开口、穿越管线处、墙体与周围连接处的缝隙采取防火分隔和防火封堵措施。

4）防火墙一般由不燃材料现浇或砌筑方式构筑，常见的有钢筋混凝土墙、砖墙、混凝土砌体墙、轻质砌体墙等。防火隔墙一般需要采用不燃材料构筑，对于四级耐火等级的建筑和木结构建筑，防火隔墙可以采用难燃、可燃材料构筑。

（5）材料的选用：依据《建规》附录"各类建筑构件的燃烧性能和耐火极限"，防火墙构件建议选用《建规》表1.4中的承重墙，非承重墙建议选用粉煤灰砌块墙和加气混凝土砌块墙。虽然规范没有明确的说明，但从规范要求防火墙应在受到火灾或其他外力作用时能保持墙体完整、稳定，且不坍塌的基本规定来看，比防火隔墙要求更为严格。从表2-5中可以看到，240mm厚的耐火纸面石膏板虽然耐火极限达到4.00h，满足防火墙耐火极限要求，但这种墙体在火灾和射流水枪的作用下，或者在受损结构或相邻垮塌物体的侧向力作用下，很快就会失去稳定，不能很好地发挥阻止火势蔓延的作用。因此，在实际工程中不应采用此类构造的防火墙。另外，防火墙、防火隔墙、楼梯间及设备间的墙等构件，规范要求应具有较高的耐火极限。不燃材料金属夹芯板材的耐火极限受其夹芯材料的容重、填塞的密实度、金属板的厚度及其构造等影响，不同生产商的金属夹芯板材的耐火极限差异较大，难以满足相应建筑构件的耐火性能、结构承载力及其自身稳定性能的要求。因此，这些构件不能采用金属夹芯板材作为其构造。

表2-5　防火墙可选用构件尺寸及耐火极限

构件名称		构件厚度或截面最小尺寸/mm	耐火极限/h
承重墙	钢筋混凝土实体墙	180	3.50
		240	5.50
	轻质混凝土砌块墙	240	3.50
		370	5.50
非承重墙	粉煤灰硅酸盐砌块墙	200	4.00
	轻质混凝土墙 加气混凝土砌块墙	100	6.00
	钢筋加气混凝土垂直墙板墙	150	3.00
	粉煤灰加气混凝土砌块墙	100	3.40
	充气混凝土砌块墙	150	7.50
	石膏珍珠岩双层空心条板隔墙，构造（mm）：60+50（空）+60 膨胀珍珠岩的容重（50~80kg/m³）	170	3.75
	钢龙骨两面钉防火石膏板隔墙，板内掺玻璃纤维，岩棉容重为60kg/m³，构造：4×12mm+75mm（填50mm岩棉）+4×12mm	171	3.00
	轻钢龙骨两面钉耐火纸面石膏板隔墙，构造（mm）： 3×15+150（100厚岩棉）+3×15	240	4.00
	9.5+3×12+100（空）+100（80厚岩棉）+2×12+9.5+12	291	3.00
	两面用强度等级32.5#硅酸盐水泥，1∶3水泥砂浆抹面的钢丝网架石膏复合墙板隔墙，构造（mm）：15（石膏板）+50（硅酸盐水泥）+50（岩棉）+50（硅酸盐水泥）+15（石膏板）	180	4.00

（续）

构件名称		构件厚度或截面最小尺寸/mm	耐火极限/h
非承重墙	混凝土砌块墙 — 轻集料（陶粒）混凝土砌块	330×290	4.00
	混凝土砌块墙 — 轻集料小型空心砌块（实体墙体）	330×190	4.00
	混凝土砌块墙 — 普通混凝土承重空心砌块	330×290	4.00
	灌浆水泥板隔墙，构造（mm） — 9+100（中灌聚苯混凝土）+9	118	3.00
	灌浆水泥板隔墙，构造（mm） — 12+150（中灌聚苯混凝土）+12	174	4.00
	钢框架间填充墙、混凝土墙，当钢框架为 — 用砖砌面或混凝土保护，其厚度为120mm	—	4.00

防火墙是建筑内、外用于在较长时间内防止火势蔓延的墙体，是分隔建筑内水平防火分区或阻止火灾在建筑之间蔓延的主要分隔墙体。防火墙的主要作用为：

1）阻止火势和烟气在建筑物内部不同防火分区之间蔓延。

2）阻止火势在建构筑物之间蔓延，如在相邻建构筑物之间设置防火墙可减小其防火间距。

防火墙应为耐火极限不低于 3.00h 的不燃性实体墙。当防火墙位于建筑内不同火灾荷载场所之间或不同火灾危险性的建构筑物之间时，其耐火极限高低会有所不同，相关要求应符合相应规范的规定。某些抗爆防护墙可兼作防火墙，如某些甲、乙类化工厂房或库房外设置的钢筋混凝土抗爆防护墙。防火墙与防火隔墙的作用有相似处，但两者的设置部位及其构造要求有很大区别。

【设计审查要点】 防火墙设置在框架梁上时，钢筋混凝土梁一般的保护层厚度为25mm，耐火极限仅为 2.00h，不满足《建规》要求。要求耐火极限达到 3.00h，其保护层厚度应不小于 42mm（耐火极限达到 4.00h，其保护层厚度应不小于 60mm），许多设计人员经常忽略这一点，要特别引起注意。对于钢梁需确定防火涂料层厚度以达到耐火极限要求。当高层厂房（仓库）屋顶承重结构和屋面板的耐火极限低于 1.00h，其他建筑屋顶承重结构和屋面板的耐火极限低于 0.50h 时，防火墙应高出屋面 0.5m 以上，当屋面采用木结构、彩钢板顶时，需要特别注意。防火墙上一般不应开设门、窗、洞口，确需开设时，防火墙上应设置甲级防火窗、甲级防火门、防火卷帘、防火阀、防火分隔水幕等。设置防火卷帘时，应选用双层无机复合轻质防火卷帘，可不设水幕保护。

【工程案例辨析】 某化工企业 2#仓库，建筑面积 2880.0m²，建筑高度 10.7m，地上 1 层，仓库的火灾危险性类别为丙类 2 项，耐火等级二级，轻型门式刚架结构，屋面采用 80mm 彩色钢板岩棉夹芯板，耐火极限 0.5h，如图 2-41 所示。一层平面划分为二个防火分区，在 Ⓔ轴线处设置防火墙（采用 240mm 厚混凝土多孔砖，耐火极限 8.0h），防火墙顶端设在屋面板下，如图 2-42 所示。屋面沿屋脊两侧设置电动采光排烟窗，如图 2-43 所示。审查意见中提出在防火墙两侧存在凸出屋面的可燃性墙体和排烟天窗，且天窗与防火墙的水平距离小于 4.0m 时，应有防止火势经天窗和屋顶蔓延的技术措施。整改措施：将防火墙高出最高处屋面 0.5m 以上。

工程概况

(1) 工程名称：

项目2# 仓库

(2) 建设单位：

(3) 建设地点：

(4) 建筑层数：一层；建筑总高度：10.700m（女儿墙顶）

(5) 屋面防水等级：Ⅱ级

(6) 建筑设计使用年限：50 年；建筑耐火等级：二级

(7) 总建筑面积：2880.0m²

(8) 建筑结构形式：门式刚架

防火设计

1. 设计依据：《建筑设计防火规范》GB50016-2014（2018版）

2. 概述 本工程为单层仓库，门式刚架结构，建筑高度10.700m（女儿墙顶），耐火等级为二级，总建筑面积2880.0m²。根据工艺条件，该仓库涉及的物料为对苯二甲酸、三羟甲基丙烷、环氧树脂等，故确定仓库的火灾危险性类别为丙类2项。

3. 总平面

该单体与周围各建构筑物间距满足相关规范要求，详见总平面图。

4. 防火分区

该建筑建筑面积2880.0m²＜6000.0m²，分为两个防火分区，每个防火分区面积为1440.0m²＜1500.0m²，满足《建筑设计防火规范》第3.3.2 条的规定。

5. 消防疏散

1) 该仓库每个防火分区均设置两个直通室外的安全出口，满足《建筑设计防火规范》3.8.1 和3.8.2 的要求。

2) 建筑内部装修不应遮挡消防设施、疏散指示标志及安全出口，并且不应妨碍消防设施和疏散走道的正常使用。

因特殊要求做改动时，应符合国家有关消防规范和法规的规定。

6. 装修时，要求装修材料的燃烧性能和耐火极限均达到二级，燃烧性能等级：墙面、地面、隔断均为A级。

7. 防火构造措施

本工程火灾危险性类别为丙类，耐火等级为二级。

各构件耐火极限满足《建筑设计防火规范》3.2.1、3.2.10、3.2.12 的相关规定。各主要构件耐火性能见下表：

序号	构件名称	性质	结构厚度或截面尺寸	耐火极限（h）	耐火性能
1	柱、柱间支撑	钢（刷防火涂料）	厚涂型防火涂料30mm 厚	2.0= 限值2.0	不燃烧体
2	梁、梁间支撑	钢（刷防火涂料）	薄涂型防火涂料7mm 厚	1.5= 限值1.5	不燃烧体
3	非承重外墙1	混凝土多孔砖	240mm	8.0 ＞0.25	不燃烧体
4	非承重外墙2	彩色钢板岩棉夹芯板	80mm	0.5 ＞0.25	不燃烧体
5	屋面承重构件	钢檩条（刷防火涂料）	200X70X20X2.5（C型钢）厚涂型防火涂料 5.5mm厚	1.0= 限值1.0	不燃烧体
6	防火墙	混凝土多孔砖	240mm	8.0 ＞4.0	不燃烧体

图 2-41 某 2#仓库防火说明

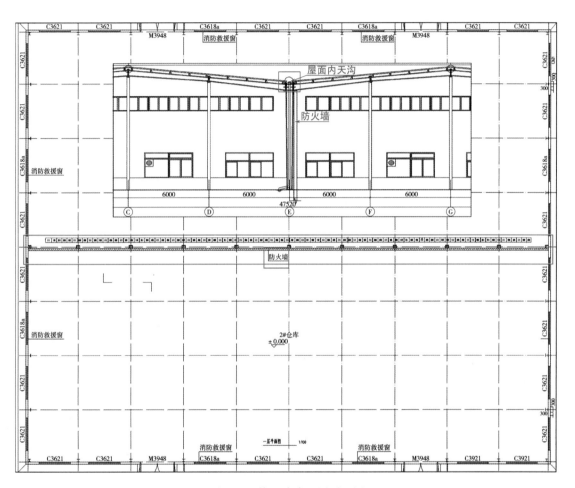

图 2-42　某 2#仓库一层平面图

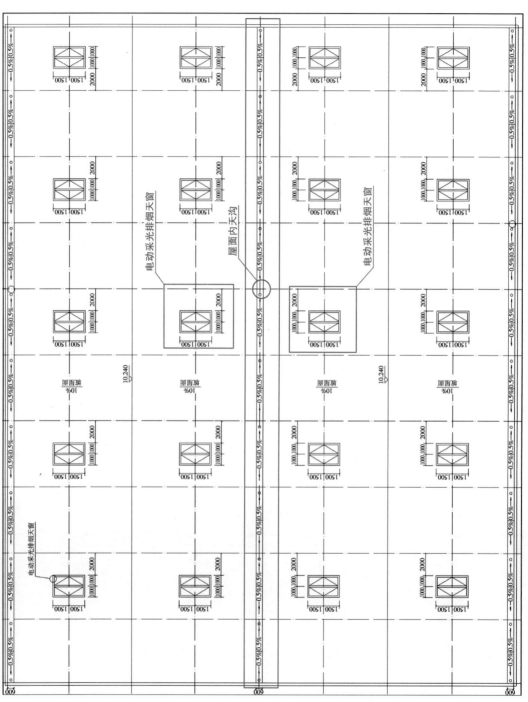

图 2-43 某2#仓库屋顶平面图

第3章

住宅建筑

◀第1节　住宅+附建公共用房▶

Q31 住宅建筑底部二层商业服务网点内可以设置哪些公共用房？商业网点建筑面积有何规定

（1）依据《建规》第2.1.4条规定，商业服务网点为设置在住宅建筑的首层或首层及二层，每个分隔单元建筑面积≤300m²的商店、邮政所、储蓄所、理发店等小型营业性用房。商业服务网点包括百货店、副食店、粮店、邮政所、储蓄所、理发店、洗衣店、药店、洗车店、餐饮店等小型营业性用房。

（2）参照《浙江消防指南》规定：

1）与商业服务网点类似功能的物业用房、居委会办公、小型诊所、变配电房、小区配套服务等用房符合《建规》有关商业服务网点要求的，可以参照住宅建筑底部的商业服务网点的要求执行。

2）教育培训机构、棋牌室用房符合《建规》有关商业服务网点要求的，可以参照商业服务网点的要求执行，但应做到以下几点：教育培训机构、棋牌室用房设置在商业服务网点中且任一层建筑面积大于120m²时，该层应设置2个安全出口或疏散门，疏散楼梯设置形式可不限；教育培训机构、棋牌室用房设置在商业服务网点中时，当该建筑（群）设有自动喷水灭火系统时应增设自动喷水灭火系统，当该建筑（群）未设自动喷水灭火系统时，应设置喷淋局部应用系统，其保护区的总建筑面积不应超过1000m²，从消火栓系统接管时消火栓系统的流量应能满足局部应用系统的设计流量。

（3）参照《大连审验指南》规定：

1）住宅建筑投影范围之外结构相连的功能及形式符合商业服务网点要求的建筑分隔单元，其安全疏散可按商业服务网点的要求执行。

2）住宅底部商业服务网点原则上不应合并或连通使用，确需连通时，应保证连通后仍然符合商业服务网点相关要求。

（4）参照《山东指引》等地方规定：

1）住宅建筑的底部一、二层，非住宅建筑底部的一、二层或独立建造的不超过2层的杂货店、副食店、粮店、邮政所、储蓄所、理发店、洗衣店、药店、洗车店、餐饮店等小型营业性用房及小区的物业服务设施，其设置位置在建筑的首层或首层及二层以及独立建造的不超过2层的建筑，每个分隔单元总建筑面积不大于300m²，都可参照商业服务网点的规定执行。但如果上部住宅建筑的投影所占面积小于50%时，则需要综合考虑将其视为商店建筑，按照其他功能与住宅组合建造的建筑进行考虑。

2）老年人照料设施有其特殊性，可以设置在建筑的首层及二层，但不能参照商业服务网点的要求设计，应按照《建规》有关老年人照料设施等相关规定设计。

（5）参照《天津审查解析》等地方规定，商业服务网点指的是为居民生活配套服务的小型场所，在居住用地内，直接为居民服务的物业管理用房、居委会、社区警务室、社区文化活动室、小区配套用房；位于住宅首层且建筑面积不超过300m²、无病床区的小型社区诊所及卫生站，均可参照住宅建筑底部的商业服务网点要求进行消防设计。

上述地方规定代表了目前不同省份对于商业服务网点的不同理解，对小型配套公建如托儿所、幼儿园、老年人照料设施、儿童活动场所、修脚店（足疗店）等不属于商业服务网点，各地规定基本一致。直接为居民服务的物业管理、社区办公、社区文化活动站、社区卫生服务站、居家养老服务站、老年人服务中心、非机动车库、储藏间、公厕、住宅配套的变配电间等住宅附建公共用房是住宅建筑的组成部分，可按商业服务网点的要求设置在住宅建筑的首层或首层及二层。主要差异是对住宅建筑的投影所占附建公共用房面积的比例要求不一致。山东规定住宅建筑的投影所占面积不小于50%，其他地方未给出具体规定，对独立建造的不超过2层的建筑，每个分隔单元总建筑面积不大于300m²，也可参照商业服务网点的规定执行。

【设计审查要点】设有商业服务网点的住宅建筑仍可按照住宅建筑定性来进行防火设计，住宅部分的设计要求要根据该建筑的总高度来确定。

1）商业服务网点中每个独立单元之间应采用耐火极限不低于2.00h且无开口的防火隔墙分隔。

2）每个独立单元的层数不应大于2层，且2层的总建筑面积不应大于300m²。

3）每个独立单元中建筑面积大于200m²的任一楼层均应设置至少2个疏散出口。

【工程案例辨析】某高层住宅楼，底部为两层的商业网点，其中一层为商铺，二层为休息室如图3-1、图3-2所示。审查意见中提出"该住宅建筑底部2层商业网点的总建筑面

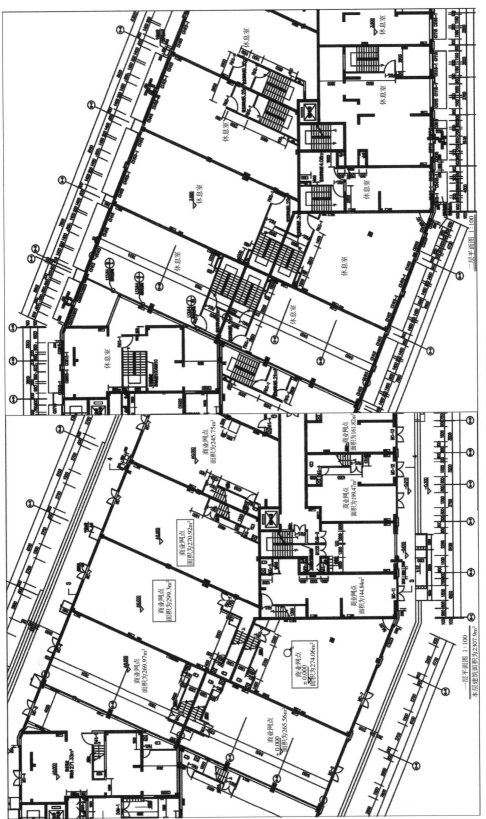

图 3-1 　某高层住宅楼平面图

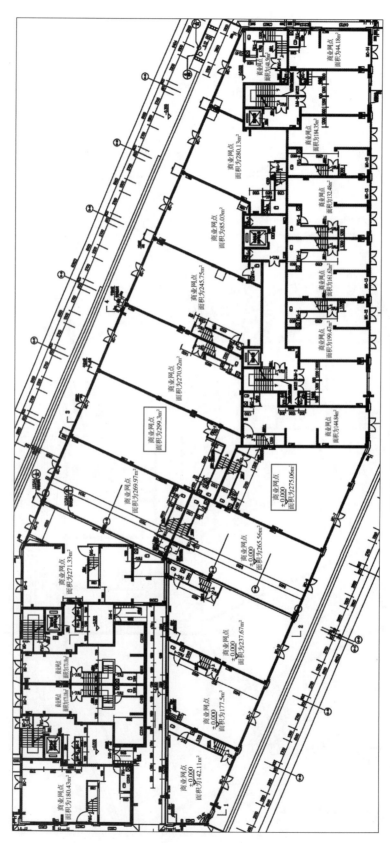

图3-2 某高层住宅楼二层平面图

积不应大于 300m²，且每个独立单元中建筑面积大于 200m² 时应设置至少 2 个疏散出口，否则应按照公共建筑进行防火设计。"整改措施：重新划分商铺分隔和疏散出口，满足商业网点的规定。

Q32 住宅建筑商业服务网点内疏散楼梯的梯段宽度及疏散距离该如何确定

（1）参照《浙江消防指南》规定：

1）商业服务网点的总高度（建筑层高之和）不应大于 7.8m（对于坡屋顶建筑，建筑层高应计算至屋脊的高度）。

2）商业服务网点的疏散楼梯宽度不应小于 1.2m。

3）当商业服务网点设置封闭楼梯间时，封闭楼梯间在首层应直通室外，二层的疏散距离可计算到楼梯间的门。

（2）参照《山东指引》等地方规定：只要商业服务网点内任一点至最近直通室外的出口的直线距离（室内楼梯的距离按其水平投影的 1.5 倍计算）≤22m（有自动灭火系统时≤27.5m），则疏散楼梯的形式不限（即允许采用敞开楼梯而不必一定是楼梯间，楼梯也无耐火极限要求，材质也不限）。楼梯宽度可按梯段净宽 ≥ 1.1m，踏步最小宽度 260mm，踏步最大高度 175mm 设计。如果疏散距离超过了规范规定，设置了封闭楼梯间，则楼梯的耐火极限不应低于 1.00h，二层室内任一点到封闭楼梯间门的距离≤22m，楼梯门在首层应直通室外，也可通过扩大封闭楼梯间通向室外。

（3）参照《湖北审验指南》等地方规定：

1）商业服务网点内的疏散门和安全出口的净宽不应小于 0.9m。

2）商业服务网点的疏散楼梯宽度不应小于 1.2m，楼梯踏步最小宽度为 260mm，最大高度为 170mm。

3）当商业服务网点设置封闭楼梯间时，封闭楼梯间在首层应直通室外，二层的疏散距离可计算到楼梯间的门。

（4）参照《安徽审验解答》规定：

1）商业服务网点的总高度（建筑层高之和）不应大于 7.8m（对于坡屋顶建筑，建筑层高应计算至屋脊的高度）。

2）商业服务网点的疏散走道和疏散楼梯净宽不应小于 1.1m；踏步最小宽度不应小于

0.26m，最大高度不应大于0.175m；疏散门和安全出口的净宽不应小于0.9m。

3）当商业服务网点设置封闭楼梯间时，封闭楼梯间在首层应直通室外，二层的疏散距离可计算到封闭楼梯间的门。

上述地方规定代表了目前不同省份对于商业服务网点内疏散楼梯的梯段宽度及疏散距离的不同理解，湖北、浙江等地规定疏散楼梯宽度不应小于1.2m，楼梯踏步为260mm×170mm，与《商规》第4.1.6条对商店建筑专用疏散楼梯要求一致；山东等地规定疏散楼梯宽度不应小于1.1m，楼梯踏步为260mm×175mm，与《建规》第5.5.18条、第5.5.30条对多层公共建筑和住宅建筑疏散楼梯规定一致。商业网点疏散距离各地规定基本一致。

【设计审查要点】商业服务网点的疏散走道和疏散楼梯净宽不应小于1.1m，疏散门和安全出口的净宽不应小于0.9m，当商业服务网点设置封闭楼梯间时，封闭楼梯间在首层应直通室外，二层的疏散距离可计算到封闭楼梯间的门。当商业服务网点内设置自动喷水灭火系统时，其疏散距离可按规定增加25%。

【工程案例辨析】某26层住宅楼，建筑高度75.6m，在其东侧局部设置2层的商业网点，其中一、二层均为商铺，商业网点内设有自动喷水灭火系统，设置敞开楼梯间，如图3-3所示。审查意见中提出"该住宅建筑商业网点二层室内最远点到一层安全出口的距离L（$L=13+2.6×1.5+1.45+3.64×1.5+10=33.81$）>27.5（m）。"整改措施：在商业网点的二层（A）、（B）处重新设直接对外的安全出口，如图3-4所示，以满足疏散距离的要求。

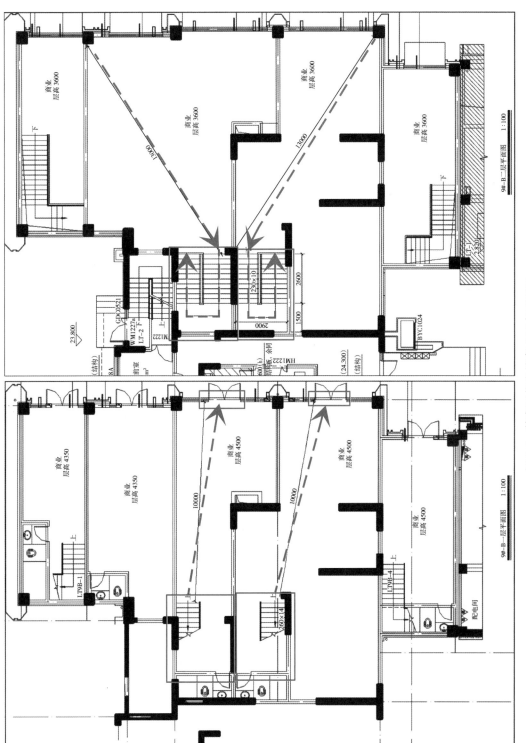

图 3-3　某高层住宅楼商业网点平面图

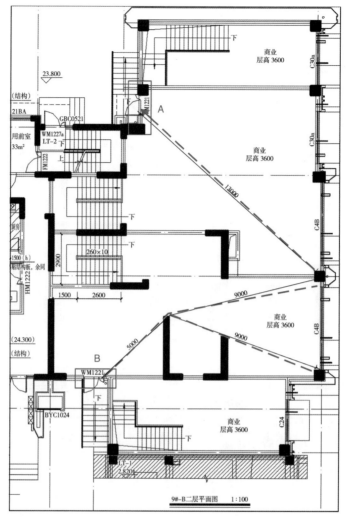

图 3-4　某高层住宅楼二层商业网点改后平面图

Q33 高层住宅与其他建筑合建时，高层住宅部分防火设计该如何确定

（1）依据《建规》第 5.4.10 条规定，高层住宅与其他使用功能的建筑（商业服务网点除外）合建时，应符合下列规定：

1）应采用无门、窗、洞口的防火墙和耐火极限不低于 2.00h 的不燃性楼板完全分隔。

2）高层住宅部分与非住宅部分的安全出口和疏散楼梯应分别独立设置。

3）住宅部分和非住宅部分的安全疏散、防火分区和室内消防设施配置，可根据各自的建筑高度分别按照本《建规》有关住宅建筑和公共建筑的规定执行，该建筑的其他防火设计应根据建筑的总高度和建筑规模按《建规》有关公共建筑的规定执行。

（2）依据《建通规》第 4.3.2 条规定，住宅与非住宅功能合建的建筑应符合下列规定：

1）除汽车库的疏散出口外，住宅部分与非住宅部分之间应采用耐火极限不低于 2.00h，且无开口的防火隔墙和耐火极限不低于 2.00h 的不燃性楼板完全分隔。

2）住宅部分与非住宅部分的安全出口和疏散楼梯应分别独立设置。

住宅与非住宅功能组合建造的建筑，包括竖向组合和水平组合两种情形。对于水平组合建造的情形，可以直接将住宅部分与非住宅部分视为两座不同建筑贴邻建造考虑各自的防火要求，但建筑的室外消防给水和室外消火栓、消防车道、消防车登高操作场地以及防火间距等的设置和要求，仍需将住宅部分和非住宅部分整体按照一座建筑，根据建筑的总规模、建筑类别和公共建筑的相应要求确定。住宅与非住宅功能竖向组合建造的建筑，非住宅功能部分的建筑高度一般不大于 24m。

【设计审查要点】

1）消防车道和消防登高场地应根据建筑的规模和建筑总高度设置。

2）住宅与非住宅部分应采用耐火极限不低于 2.00h，且无开口的防火隔墙和耐火极限不低于 2.00h 的不燃性楼板完全分隔。

3）住宅与非住宅部分的建筑外墙上下层开口之间的窗间墙应为高度 ≥1.2m（当室内设自动喷水灭火系统时 0.8m）不燃性实体墙。

4）住宅部分与非住宅部分的安全出口和疏散楼梯应分别独立设置。

5）设置在建筑下部的非住宅功能部分，其防火分区、疏散楼梯、疏散距离等，应根据其自身建筑高度和规模，按公共建筑的要求确定。

6）消防电梯的设置可以根据住宅与非住宅部分的各自建筑高度确定，住宅部分的消防电梯可以不在非住宅部分层层停靠。

7）住宅与非住宅部分的室内消防给水系统和防排烟系统、火灾自动报警系统应各自单独成系统。

【工程案例辨析】某高层公共建筑，住宅部分建筑高度 $H_1 = 78.4m > 54m$，底部设置 4 层的商业，商业部分高度 $H_2 = 19.2m < 24m$，如图 3-5 所示。本建筑属于多层公共建筑与一类高层住宅建筑合建。建筑整体耐火等级一级，住宅和商业部分的外墙装饰层应按建筑总高度确定燃烧性能，保温材料的燃烧性能应为 A 级。

该高层建筑下部商业部分的建筑高度小于 24m，属于多层建筑，火灾危险性相对于一类高层公共建筑低，火灾时室外救援比高层公共建有利。《建规》第 5.4.10.3 条规定，住宅部分和非住宅部分的室内消防设施配置，可根据各自的建筑高度分别按照住宅建筑

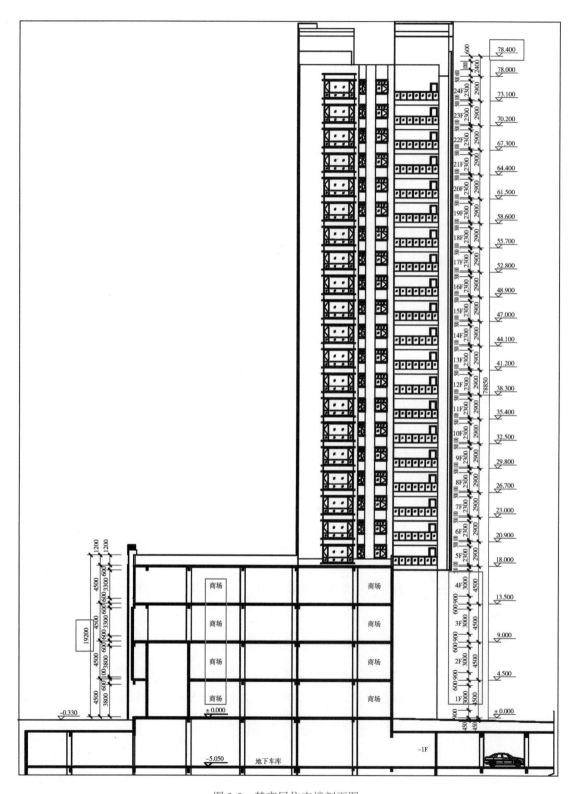

图 3-5　某高层住宅楼剖面图

和公共建筑的规定执行，室内消防设施配置应包含各系统相应的设计参数。该建筑室内消火栓设计流量按一类高层住宅和多层办公建筑分别计算并取大值，消防水箱容积取 18m³。这种分段按规范配置消防设施的前提条件是，住宅部分与非住宅部分之间应采用满足规范要求的防火隔墙、楼板进行"完全"分隔，住宅部分与非住宅部分的安全出口和疏散楼梯应分别"独立"设置。需注意，该类建筑应按整栋建筑统一设置自动灭火系统，而不是局部设置。

◀第 2 节　住宅总平面布局和消防救援▶

Q34 高层住宅建筑底部设置商业服务网点时，消防车登高操作场地未覆盖建筑长边，此时该如何确定

（1）参照《大连审验指南》《山东指引》等地方解答，高层住宅端部单元设置与住宅单元重叠的商业服务网点时，该重叠部分不应影响消防救援，消防车登高操作场地长度可适当减少，其减少的重叠部分不应大于 10m，且消防车登高操作场地可以到达住宅单元的楼梯间出入口及救援面的每户时，该住宅可认为满足消防车登高操作场地要求，如图 3-6 所示。

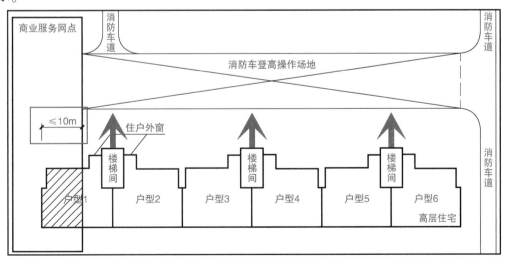

图 3-6　高层住宅楼消防车登高操作场地布置图一

（2）参照《河南审验指南》《陕西审验指南》等地方规定，住宅建筑端部与底部的商业服务网点重叠布置长度不应大于5m，消防车道或消防车登高操作场地应沿住宅建筑长边连续设置，在设置消防车道或消防车登高操作场地对应范围内的住宅一侧，每单元楼梯间应设出入口，每户应设有外窗。符合上述要求时，可认为满足一条长边设置消防车道或消防车登高操作场地的要求，如图3-7所示。

目前对于高层住宅端部与底部的商业服务网点重叠，导致消防车登高操作场地无法沿住宅建筑一个长边连续布置的问题，基本有两种解决方案。大连、山东等地方规定住宅重叠部分不应大于10m，河南、陕西等地方规定住宅重叠部分不应大于5m。当高层住宅与商业网点呈"L"形布置，住宅建筑端部坐落在商业

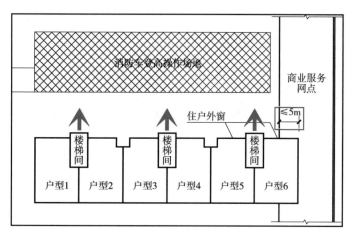

图3-7　高层住宅楼消防车登高操作场地布置图二

网点上时，将导致消防车登高操作场地无法覆盖住宅建筑的长边全长。由于商业服务网点高度有限，在消防车有效救援半径范围内可以对高层住宅部分进行正常的扑救操作。《建规》规定间隔布置的消防车登高救援场地间距不宜大于30m，即15m可视为消防车有效救援半径，扣除救援场地靠商业网点外墙一侧的边缘距离5m，最终确定住宅重叠部分不大于10m是比较合理的。

【设计审查要点】

1）消防车登高操作场地连续设置且该住宅单元与消防登高操作场地相对应的范围内设置有直通室外的楼梯或直通楼梯间的入口。

2）建筑端户的外窗位于消防车登高操作范围内。

【工程案例辨析】某小区10#高层住宅楼，建筑高度52.9m，底部设置两层的商业网点，住宅楼楼梯出口在北边，消防车登高操作场地设置在住宅楼的西边和南边，如图3-8所示。审查意见中提出"10#住宅楼消防登高操作场地设置不合适。消防登高操作场地相对应的范围内应设有直通室外的楼梯或直通楼梯间的入口，另外该住宅最东边户未完全位于消防车登高操作范围内。"整改措施：同9#楼做法，消防车登高操作场地设置在住宅楼的北边。

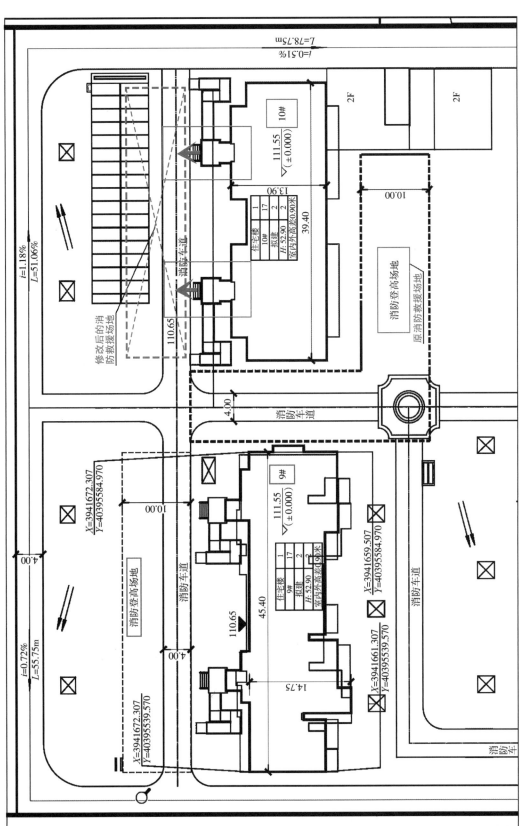

图3-8　某小区10#高层住宅楼消防车登高操作场地布置图

Q35 多层住宅区消防车道如何设置？消防车道距离住宅的最远距离该如何控制

（1）依据《建通规》第3.4.3条规定，住宅建筑应至少沿建筑的一条长边设置消防车道。当建筑仅设置1条消防车道时，该消防车道应位于建筑的消防车登高操作场地一侧。

（2）参照《重庆消防研究》《贵州消防指南》等地方规定，不需要设置消防车登高操作场地的建筑，如因受地形或其他条件限制，消防车道至建筑的最大行走距离不应大于50m（两盘水带搭接长度），消防车道与建筑间应设置连接通道且消防车道与建筑之间不应有其他建筑。

（3）参照《湖北审验指南》《山东指引》等地方规定，多层建筑也需要设置消防车道。消防车道距离建筑外墙不宜小于5m，距离最不利防火分区的主要出入口不应大于60m；对于多层住宅建筑，其消防车道距离最不利单元的出入口不应大于80m。

（4）参照《浙江消防指南》等地方规定，对多层住宅建筑，消防车道距离最不利单元主要出入口的救援路径长度不应大于60m；当沿建筑短边同时设有消防车道时，可按短边方向的消防车道距离最不利单元主要出入口的救援路径长度不大于40m控制，同时长边方向的消防车道距离最不利单元主要出入口的救援路径长度不应大于80m，如图3-9所示。

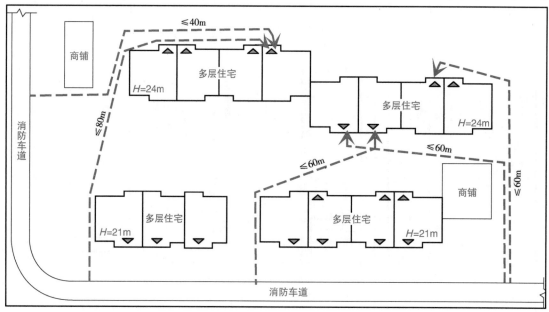

图 3-9　多层住宅楼消防车道布置图

由于规范中未明确消防车道距单、多层住宅建筑的最远距离，往往造成审图中对此距离的把握尺度不一，结合实际工程及各省份对消防车道距建筑最远点距离的控制（40m、50m、60m、80m），一般可以根据建筑周围环境和市政道路设置情况确定，但要从满足消防车快速到达火场，便于敷设水带和向火场快速供水的要求出发，不宜太大。

【设计审查要点】单、多层住宅小区也应按照规范要求设置消防车道，当住宅建筑不需要设置消防车登高操作场地时，应将此消防车道按照消防救援场地考虑，车道与建筑外墙的水平距离、车道的坡度和宽度均应满足消防车展开灭火救援的要求，车道上空及周围不应有可能影响灭火救援的高大树木、电力电信架空线路等障碍物。

【工程案例辨析】某住宅小区，南边布置多层住宅，北边布置高层住宅，消防车道设置在住宅小区的西边和南边，经核查，6#住宅楼消防车道距离最不利单元的出入口大于80m，如图 3-10 所示 A 线路和 B 线路。

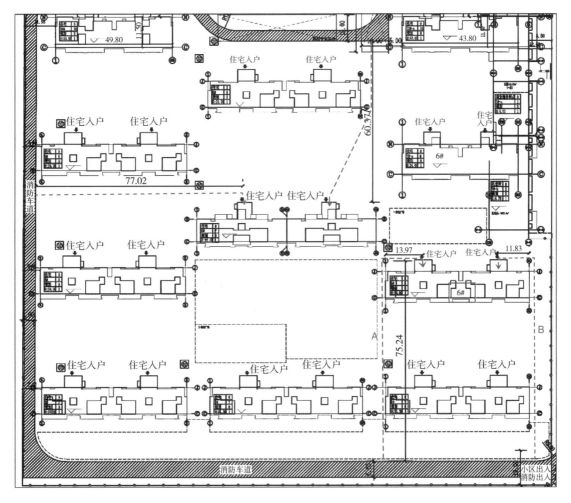

图 3-10　某住宅小区消防车道布置图

整改措施：调整 6#住宅楼平面位置，满足消防车道距离最不利单元的出入口不大于 80m 的要求。

◀第 3 节　住宅安全疏散▶

Q36 独立住宅或联排别墅采用敞开楼梯间，户内疏散距离应怎样确定

（1）参照《广东审查解析》等地方规定，当独立住宅或联排别墅总层数不超过 3 层，每层最大建筑面积不超过 200m²，且交通楼梯为敞开楼梯时，房间内最不利点至最近安全出口或敞开楼梯口的距离可按《建规》第 5.5.29 条第 3 款执行。

（2）参照《山东审查解答》等地方规定，独户小住宅（不超三层的独户或联排）户内楼梯需满足《住宅设计规范》中套内楼梯的要求，地下可不做分隔（仅地下一层）。户内任一点至室外安全出口距离不应超过 30m（楼梯段按投影长度的 1.5 倍计算），其他住宅户内任一点至户门出口不应超过 22m。

（3）参照《安徽审验解答》等地方规定，排屋、别墅的户内楼梯可采用敞开楼梯，该楼梯地下与地上部分在首层可不做防火分隔，户内任一点到安全出口的距离不应超过 30m。

（4）参照《建规指南》释义，独立式、联排式、双拼式低层（不超过 3 层）住宅建筑户内任一点至直通疏散走道的户门的直线距离不应大于《建规》表 5.5.29 规定的袋形走道两侧或尽端的疏散门至最近安全出口的最大直线距离。

常规认为，低层住宅居住人口较少，发生严重火灾的案例不多，所以开发商、设计院往往会忽视合院、联排、别墅等低层住宅的规范要求。其实合院、联排、别墅等低层住宅的设计也有很多硬性的规范要求，需要全面理解和执行，否则将造成有严重后果。大多数地方控制 22m 的疏散距离，部分地市放宽到 30m，一方面为了将别墅的层数和规模控制在一定范围内，另一方面，为解决有些大户型别墅疏散距离超 22m，只能采用封闭楼梯间，给住户使用带来不便。疏散距离越短，人员疏散过程越安全。该距离的确定既要考虑人员疏散安全，也要兼顾建筑功能和平面布置要求，体现规范为建筑服务，建筑为人服务的基

本设计要求。

【设计审查要点】

1）户内任一点至其直通疏散走道的户门的距离不应大于规定的袋形走道两侧或尽端的疏散门至最近安全出口的最大距离 22m（跃层式住宅户内楼梯的距离可按其梯段水平投影长度的 1.50 倍计算）。

2）距离不满足的户内楼梯应做成敞开楼梯间或封闭楼梯间，户内任一点至室外安全出口距离不应大于 30m，至封闭楼梯间的距离不应大于规范规定的袋形走道两侧或尽端的疏散门至最近安全出口的最大距离。

3）在二、三层设符合安全疏散要求的救援平台。

4）独立住宅或联排别墅总层数不应超过 3 层，每层最大建筑面积不应超过 200m²。

【工程案例辨析】某三层别墅，建筑檐口处总高度 10.5m，耐火等级二级，布置一部敞开楼梯间和一部客梯。一层层高 3.6m（面积 443.39m²），二层层高 3.3m（面积 293.79m²），三层层高 3.6m（面积 199.18m²），平面布置如图 3-11、图 3-12 所示。

审查意见中提出：

1）别墅三层最远点（A）至室外安全出口（D）点距离 $L = 19.3 + 16.8 + 6.9 = 43.0$（m）>30（m），须重新调整。

2）别墅第二层建筑面积大于 200m²，不符合要求。

整改措施：

1）敞开楼梯间修改为封闭楼梯间。

2）别墅第二层增设室外疏散楼梯，如图 3-13 所示。

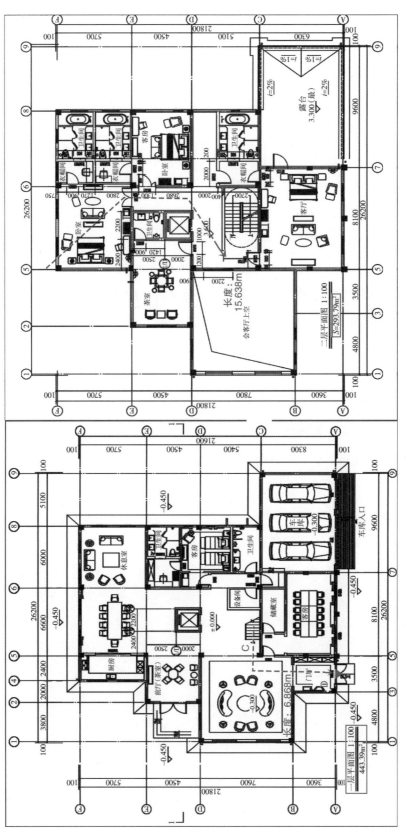

图 3-11 某别墅一、二层平面图

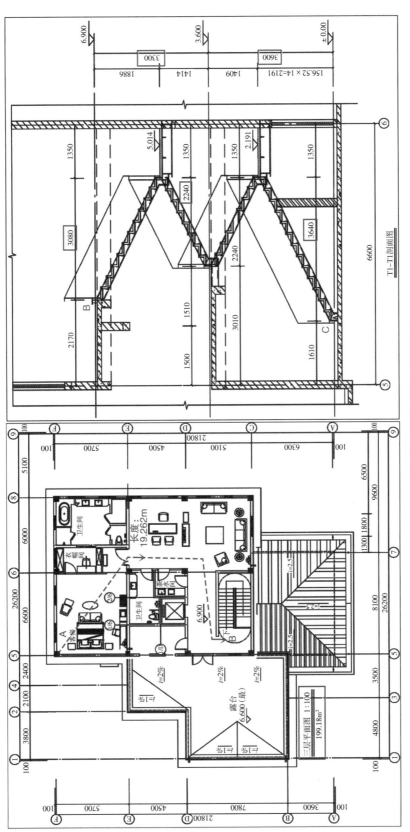

图3-12 某别墅三层平面图和楼梯剖面图

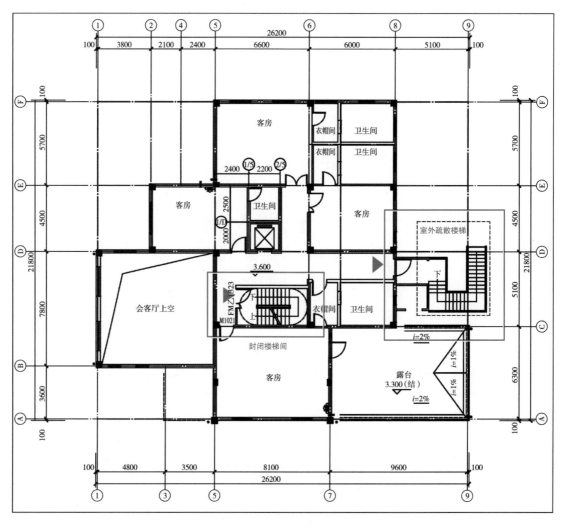

图 3-13　某别墅修改后二层平面图

Q37 住宅建筑封闭楼梯间直通室外出口（含出屋面的口）时是否可不设置门

（1）依据《建规》第2.1.15条中对封闭楼梯间的定义：封闭楼梯间是在楼梯间入口处设置门，以防止火灾的烟和热气进入的楼梯间。由于封闭楼梯间直通室外的门既是楼梯间出口，也是楼梯间入口，按此定义应设置门，以防止火灾的烟和热气进入楼梯间。

（2）依据《建通规》第6.4.3条规定，除建筑直通室外和屋面的门可采用普通门外，甲、乙类厂房，多层丙类厂房，人员密集的公共建筑和其他高层工业与民用建筑中封闭楼梯间门的耐火性能不应低于乙级防火门的要求，且其中建筑高度大于 100m 的建筑相应部位的门应为甲级防火门。根据以上条文，可以理解为除特殊规定的建筑外，其他封闭楼梯间直通室外和屋面的门可以采用普通门，但不能没有门。

（3）参照《建规指南》释义，对于封闭楼梯间，在首层或屋面直通室外处可以不设置门，也可采用无防火性能要求的门，但如果将封闭楼梯间设置在首层门厅内或楼梯间内设置了机械加压送风防烟系统，则要视具体情况来确定设置门与否，一般仍应设置防火门。

室外通常认为是安全区域。当采用自然通风时，封闭楼梯间直通室外出口设置门的目的是防止室外火灾烟气进入楼梯间。是否设置门的关键是需不需要防止室外火灾烟气进入楼梯间。从住宅建筑发生火灾的后果来看，着火后烟气扩散范围相当大，采用自然通风的封闭楼梯间存在烟囱效应，日常相当于一个通风井，但当首层楼梯间出口附近层房间发生火灾时，楼梯间将产生烟囱效应，通风井变成了吸烟井，严重影响疏散人员的安全。因此，根据封闭楼梯间的定义以及《建通规》的规定，封闭楼梯间无论是采用机械加压送风防烟还是采用自然通风排烟，其直通室外的出口都应该设置普通门或防火门。

【设计审查要点】

1）封闭楼梯间在从楼层进入楼梯间的入口处要设置具有防烟作用的门。

2）封闭楼梯间的防烟门一般应为甲级或乙级防火门。一些火灾危险性较低的建筑，该门可以采用无防火性能要求的门，但要具有自行关闭的功能和一定的挡烟性能。对于平时人员经常出入处的楼梯间门，可以采用平时保持常开状态、在火灾时能与火灾自动报警系统联动关闭的门。

3）建筑中能够通至屋顶的疏散楼梯间，要尽量在屋顶开口，使该疏散楼梯间能通至屋面，楼梯间通向屋面的门应向外开启。

【工程案例辨析】某五层联排别墅，建筑檐口处总高度 16.5m，耐火等级二级，布置一部封闭楼梯间和一部客梯，如图 3-14 所示。封闭楼梯间内设置机械加压送风系统。

审查意见中提出：封闭楼梯间在一层直通室外的出口应设置防火门，整改后如图 3-15 所示。

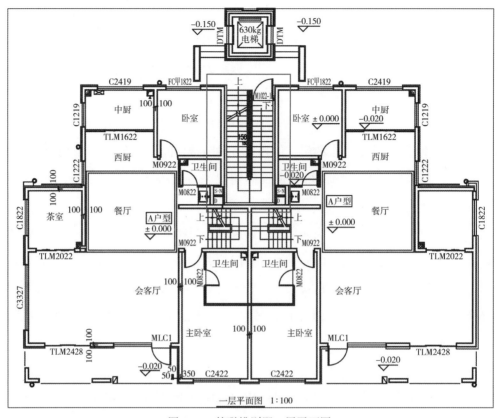

图 3-14 某联排别墅一层平面图

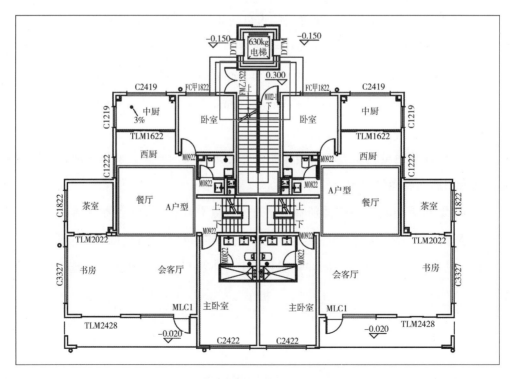

图 3-15 某联排别墅三层平面图

Q38 住宅地上和地下楼梯间在首层可以通过扩大封闭楼梯间或扩大前室直通室外吗

（1）依据《建规》第 6.4.4 条规定，建筑的地下或半地下部分与地上部分不应共用楼梯间，确需共用楼梯间时，应在首层采用耐火极限不低于 2.00h 的防火隔墙和乙级防火门将地下或半地下部分与地上部分的连通部位完全分隔，并应设置明显的标志。

（2）依据《建通规》第 7.1.10 条规定，地下楼层的疏散楼梯间与地上楼层的疏散楼梯间，应在直通室外地面的楼层采用耐火极限不低于 2.00h 且无开口的防火隔墙分隔，在楼梯的各楼层入口处均应设置明显的标识。

（3）参照《安徽审验解答》等地方规定，除规范明确要求地上、地下楼梯间需独立设置的情况外，地下室的封闭楼梯间在首层的疏散门可以开向首层楼梯间扩大的前室。

（4）参照《山东审查解答》规定，扩大封闭楼梯间或扩大前室经过防火分隔后实际上是相对安全的区域，地上或地下的楼梯间门均允许开向此区域内，地下的楼梯间也不需要再设置专用的疏散走道通向室外。

相较于《建规》的规定，《建通规》取消了确需共用楼梯间的情况，要求应在直通室外地面的楼层采用耐火极限不低于 2.00h 且无开口的防火隔墙分隔，即不再允许防火隔墙开设乙级防火门。《建通规指南》给出了建筑地下楼层与地上楼层的疏散楼梯间在首层的防火分隔示意如图 3-16 所示。对于可能共用扩大前室的疏散问题，各地解答都认为，只要采取一定的防火分隔措施，通过扩大前室疏散到室外是安全的，如图 3-17 所示，就可以了。

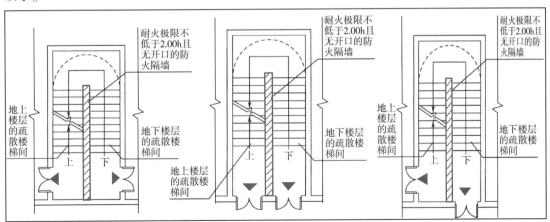

图 3-16　建筑地下楼层与地上楼层的疏散楼梯间在首层的防火分隔示意

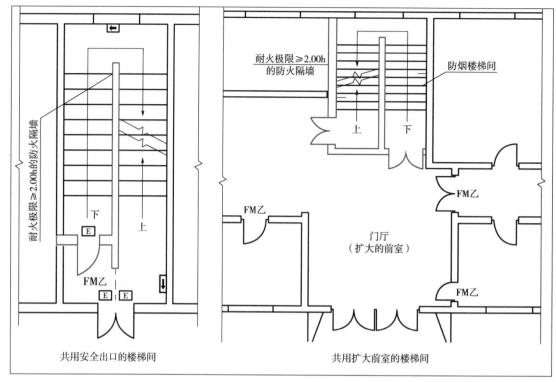

图 3-17　建筑地下楼层与地上楼层的疏散楼梯间在首层的疏散示意

【设计审查要点】对于地上、地下疏散楼梯间共用安全出口或扩大前室的情况，应采取加强性安全措施，以防止火灾时地上建筑疏散人员误入地下室，并防止地下建筑烟气危害地上建筑，主要措施如下：

1）在首层采用耐火极限≥2.00h 的防火隔墙将地下或半地下部分与地上部分的连通部位完全分隔。

2）设置明显的标识，清晰指示安全出口和地下室入口。

3）共用安全出口的楼梯间，适当延伸地下、地上楼梯间隔墙，连通口上部设置挡烟设施，挡烟设施底部高度不应高于直通室外安全出口的门洞高度。

4）共用扩大前室的楼梯间，通向扩大前室的疏散门开向不同方向。

【工程案例辨析】某高层住宅楼，地上 34 层，地下 2 层，建筑高度 99.50m，属一类建筑，耐火等级一级。地下两层为储藏室。地库开向住宅地下室的门均为甲级防火门。地上标准层为两梯四户单元式住宅，设一座消防电梯。每个单元设置两座楼梯并通至屋顶层楼面，地上层与地下室共用楼梯间，在首层出入口处，设 100mm 厚加气混凝土砌块防火隔墙（耐火极限大于 2h）和乙级防火门并直通室外，设疏散标志，不符合《建通规》要求，如图 3-18 所示。经审查提出修改意见，修改后如图 3-19 所示。

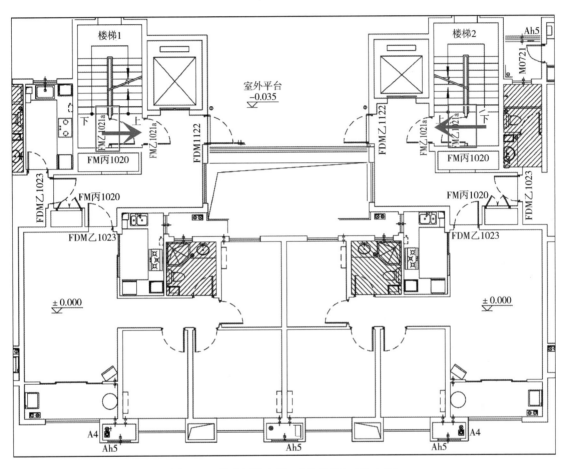

图 3-18　某高层住宅楼一层平面图（修改前）

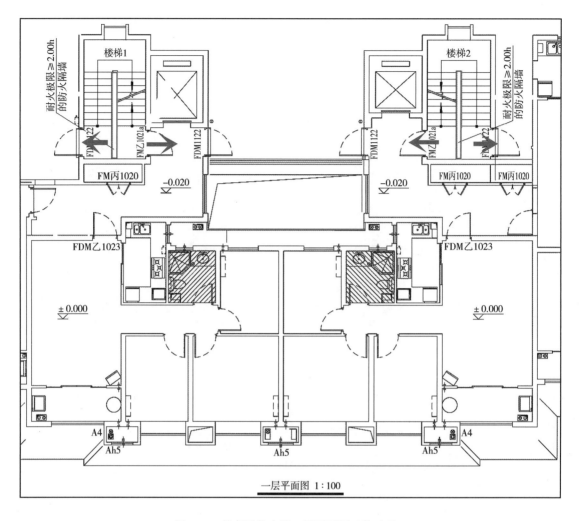

图 3-19　某高层住宅楼一层平面图（修改后）

◀第 4 节　住宅地下车库安全疏散▶

Q39 附设在住宅地下汽车库内的设备用房，防火分区该如何划分

　　附设在汽车库内的且不为汽车库服务的设备用房原则上不能与汽车库设置在同一防火分区内。当确有困难时，设备用房与汽车库可设在同一防火分区内，但对设备用房单个房间的面积和总建筑面积的规定，各地市要求不一致，具体见表 3-1。

表 3-1　各地市对单个设备用房的面积和总面积的规定

地市	房间的面积	总建筑面积	分隔要求	备注
江苏省、山东省	$S_{单} \leqslant 50m^2$	$S_{总} \leqslant 200m^2$	防火墙和耐火极限 $\geqslant 1.50h$ 的楼板	《江苏审验解答》《山东审验指南》
浙江省、吉林省	$S_{单} \leqslant 200m^2$	$S_{总} \leqslant 500m^2$	3.00h 的防火隔墙和甲级防火门（吉林省要求设置自动灭火系统，也不应放宽面积）	《浙江消防指南》《吉林防火标准》
安徽省、湖北省		$S_{总} \leqslant 500m^2$，且占车库防火分区面积比例不大于 1/3	2.00h 的防火隔墙和耐火极限 $\geqslant 2.00h$ 的楼板	《安徽审验解答》《湖北审验指南》
重庆市		$S_{总} \leqslant 500m^2$（设自动灭火系统时 1000m²）		《重庆消防解答》
石家庄市		$S_{总} \leqslant 500m^2$，且占该防火分区的面积比例不大于 1/3	设置自动灭火系统 3.00h 的防火隔墙和甲级防火门	《石家庄审查导则》
海南省		$S_{总} \leqslant 200m^2$，且占所在防火分区建筑面积不大于 10%	2.00h 的防火隔墙和甲级防火门	《海南审验解答》
贵州省、陕西省		$S_{总} \leqslant 1000m^2$，且占该防火分区的面积比例不大于 1/3	2.00h 的防火隔墙和甲级防火门	《贵州消防指南》《陕西审验指南》
南宁市	$S_{单} \leqslant 200m^2$	$S_{总} \leqslant 500m^2$	2.00h 的防火隔墙和耐火极限 $\geqslant 2.00h$ 的楼板	《南宁消防解答》

从上表可看出，山东省和江苏省要求最严，贵州省和陕西省规定的比较宽泛。且不论其规定是否合理，设计人员只能参照当地规定进行车库内设备用房防火分区的划分，以免施工图无法通过审查。但需要注意，地下设备间和其他地下房间的疏散门和安全出口必须符合《建规》第 5.5.5 条的规定。

【设计审查要点】

1）为车库服务的地下设备用房面积不超过 200m² 时，可以和车库划分为一个防火分区，通过地下车库疏散。但如果设备用房集中设置且面积超过了 500m²，则应单独划分防火分区。

2）设备用房应采用耐火极限不低于 2.00h 的防火隔墙与相邻汽车库部位分隔，隔墙上开设的防火门应采用甲级防火门。

3）防火分区建筑面积>500m² 的地下场所的每个防火分区均应设置至少 2 个安全出口或 2 部疏散楼梯。

【工程案例辨析】某居住区（山东）地下车库划分为十三个防火分区，其中防火分区一建筑面积为3340m²，包括供小区使用的换热站（面积150m²）和配电室（面积375m²），如图3-20所示。审查意见中提出：配电室面积大于200m²，配电室和换热站总面积大于500m²，应单独划分防火分区。

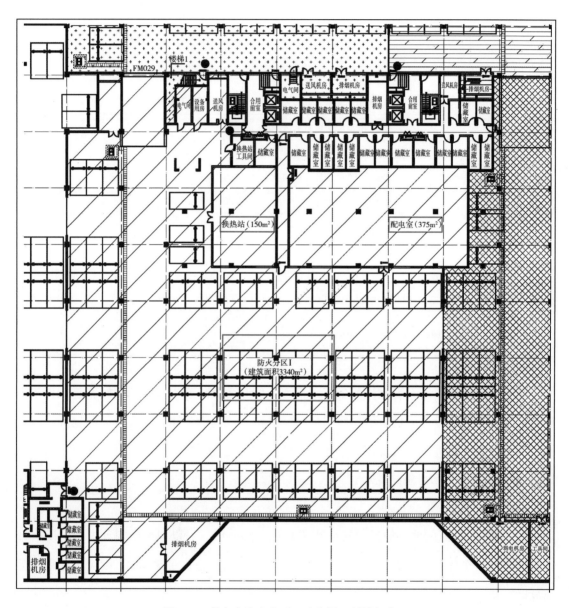

图3-20　某车库防火分区1示意图（斜线部分）

Q40 地下设备用房的疏散门和安全出口该如何确定

（1）参照《山东审验指南》规定，与汽车库位于同一层的变配电室、消控室、水泵房、换热站、柴油发电机房、空调机房、中水站等设备用房，当防火分区的建筑面积不大于1000m²，且有不少于一个安全出口时，允许利用与汽车库相邻防火墙上的甲级防火门作为第二安全出口，除以上功能房间外的其他防火分区不得利用与汽车库相邻防火墙上的甲级防火门或楼梯间作为安全出口。

（2）参照《江苏审验解答》规定，地下建筑中的设备用房（如空调机房、生活泵房、消防泵房等），划分为独立防火分区，并设有独立的疏散楼梯间时，可以与车库共用疏散楼梯间或借用开向车库防火分区的甲级防火门作为第二安全出口。

按照《建规》第5.3.1条、第5.5.5条规定，地下设备用房防火分区最大允许建筑面积不应大于1000m²，当不大于200m²时，可设置1个安全出口或1部疏散楼梯。当地下设备用房防火分区建筑面积大于200m²且不大于1000m²时，其安全出口数量不应少于2个。参照各地市规定，因设备用房在使用期间内部停留人员较少甚至没有人员停留，可利用通向车库防火分区的甲级防火门或楼梯间作为第二个安全出口。

【设计审查要点】

（1）对于一个防火分区内的地下设备间或其他用途的房间，当符合下列条件之一时，可以设置1个安全出口及1个疏散门：

1）建筑面积≤200m²的设备间。

2）房间建筑面积≤50m²，且经常停留人数≤15人的其他房间。

（2）建筑面积>200m²的地下或半地下设备间、建筑面积>50m²的其他地下房间，均应至少设置2个疏散门。

【工程案例辨析】某居住区（山东）地下车库划分为十二个防火分区，其中防火分区十为配电室，建筑面积为267.64m²，防火分区十二为换热站，建筑面积359.51m²，其中配电室与车库共用疏散楼梯间，并利用开向车库防火分区的甲级防火门作为第二安全出口。换热站设有一部独立疏散楼梯，同时也利用开向车库防火分区的甲级防火门作为第二安全出口，如图3-21所示。审查意见中提出：配电室应有一个独立的安全出口。

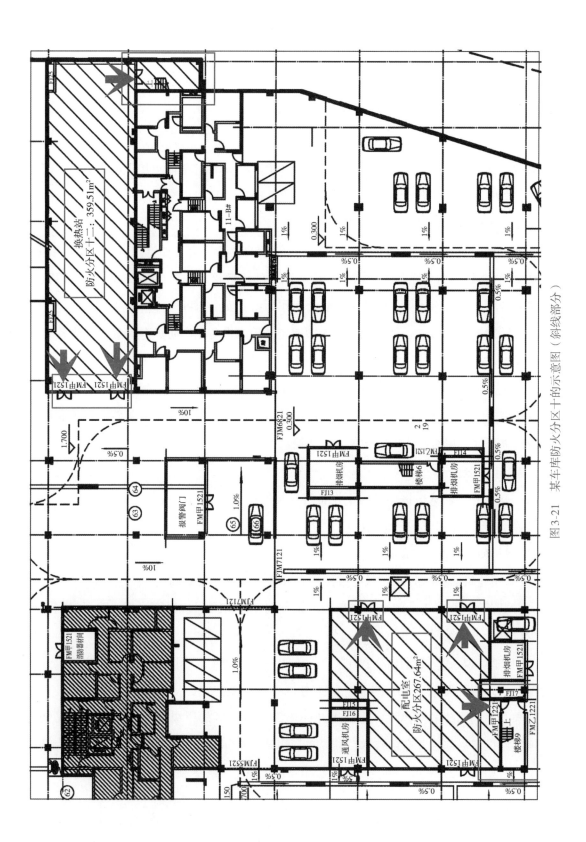

图3-21 某车库防火分区十的示意图（斜线部分）

第4章

公共建筑

◀第1节 建筑防火设计定性▶

Q41 公共建筑的防火设计该如何确定

依据《民通规》第2.1.4条规定：公共建筑包含教育、办公科研、商业服务、公众活动、交通、医疗、社会民生服务等场所。教育类建筑是指供基础、技能及素质教育的教学场所；办公科研类建筑是指供机关、团体和企事业单位办理行政事务和从事商谈、接洽、处理、服务性交易等业务活动的场所；商业服务类建筑是指供人们进行商业活动、娱乐、休憩、餐饮、消费、日常服务的场所；公众活动类建筑是指供休闲、运动、参观、观演、集会、社交、宗教信徒聚会的场所；交通类建筑是指供旅客等候和运输、交通工具停放、交通管理的场所；医疗类建筑是指对疾病进行诊断、治疗与护理，承担公共卫生的预防与保健，从事医学教学与科学研究的场所；社会民生服务类建筑是指社会民生服务场所。常见公共建筑具体分类见表4-1。

表 4-1　常见公共建筑分类

类别	释义	示例
教育建筑	学龄前儿童、中小学、中等专业、高等院校、特殊人员教育等场所	托儿所、幼儿园、中小学校、职业学校，大学、专科学校、电视大学、党校、聋哑盲人学校
办公建筑	普通、金融、司法等场所	普通办公楼、商务办公楼、银行营业厅、储蓄所、证券交易中心、公安局、派出所、法院、检察院
科研建筑	科研实验场所	实验楼、科研楼
商业建筑	售卖场所	购物中心、百货大楼、有顶商业街、超级市场、家居建材、汽车销售、商业零售等
商业建筑	休闲场所	室内儿童乐园、夜总会、美容、美发、养生、洗浴、卡拉OK厅、按摩中心、健身房、溜冰场等

（续）

类别	释义	示例
商业建筑	维修服务场所	干洗店、洗车站房、汽车修理店
	邮政、快递、电信场所	邮政、快递营业场所、电信局等
	培训场所	各类培训机构（幼儿、学生、老年）
	保健场所	体检中心、牙科诊所
饮食建筑	餐饮场所	餐馆、饮食店、食堂、酒吧、茶馆等
旅馆建筑	临时住宿休憩场所	酒店、宾馆、招待所、度假村、民宿（少于15间或套）等
文化建筑	文化活动场所	公共图书馆、博物馆、档案馆、科技馆、纪念馆、美术馆、综合文化活动中心、文化馆、青少年宫、儿童活动中心、老年活动中心等
	会议展览场所	礼堂、会堂、会议中心、展览馆等
	观演场所	剧院、剧场、电影院、音乐厅等
	文保场所	文物建筑、历史建筑
文旅建筑	游乐场所	游乐场、水族馆、冰雪建筑、游客服务中心等
体育建筑	体育比赛、大众健身场所	体育场馆、游泳场馆、训练馆、健身房、风雨操场等
交通建筑	交通场站（库）、交通管理	长途客运站、地铁站、航站楼、停车库、交通指挥中心、交通应急救援、交通调度站等
医疗建筑	医疗场所	综合医院、专科医院、社区卫生服务中心等
	康养场所	疗养院、康复中心等
	卫生防疫场所	卫生防疫站、专科防治所、检验中心、动物检疫站等
	特殊医疗场所	传染病医院、精神病医院等
服务建筑	城市服务和救援场所	城市政务中心、城市游客中心、社区服务站、消防站、应急中心等
民政建筑	救助场所	儿童福利院、孤儿院等
	老年人活动场所	老年日间照料中心、托老所、日托站、老年服务中心、社区养老中心、老年人活动设施等

【设计审查要点】

1）各类培训机构（幼儿、学生、老年），体检中心、牙科诊所属于商业建筑，而非学校或医疗建筑。

2）室内儿童乐园、健身房属休闲场所。

3）水族馆、冰雪建筑属于游乐场所。

4）设置在大众健身场所的健身房属于体育建筑，设置在休闲场所的健身房属于商业建筑。

5）社区卫生服务中心属于医疗建筑。

Q42 社区卫生服务中心属于医疗场所，其安全出口必须按照医疗建筑设置吗

（1）参照《山东审查解答》规定：社区卫生服务中心面积不超过商业服务网点面积要求时，可参照商业服务网点执行。如面积超过规定，应根据《建规》第5.5.15条有关医疗建筑要求设置安全出口，且安全出口不应少于2个。社区卫生服务中心结合其他社区公用设施及建筑布置时，应在建筑首层设独立出入口。

（2）参照《河南审验指南》规定：住宅建筑底部设置的社区卫生服务站可以参照商业服务网点进行设计，按《建通规》第4.3.2条第4款规定执行，并应满足相关规划及各自相应的防火设计要求。

（3）参照《天津审查解析》规定：位于住宅首层且建筑面积不超$300m^2$、无病床区的小型社区诊所及卫生站，可参照住宅建筑底部的商业服务网点要求进行消防设计。

位于住宅首层或首层及二层，每个分隔单元建筑面积不大于$300m^2$的社区卫生服务中心按商业服务网点的相关防火要求进行设计是比较合理的。如面积大于$300m^2$或设置有病床位，应按照医疗建筑的要求设置安全出口，安全出口不应少于2个。

【设计审查要点】

1）商业服务网点内设置的社区卫生服务中心每个独立单元之间应采用耐火极限不低于2.00h且无开口的防火隔墙分隔，每个独立单元的层数不应大于2层，且2层的总建筑面积不应大于$300m^2$。

2）建筑面积大于$300m^2$的社区卫生服务中心应符合《建通规》第7.4.1条的规定，安全出口不应少于2个。

【工程案例辨析】某高层住宅楼，一、二层设有商业网点和社区卫生服务用房，其一、二层平面布置如图4-1所示。卫生服务用房面积$399.75m^2$，按有关医疗建筑的规定，设置2部疏散楼梯，满足安全出口不少于2个的要求。审查意见提出：按医疗建筑的要求，一、二层房间最远点到安全出口或楼梯的疏散距离不应大于20m。原设计按照疏散距离不大于22m控制最远点，不符合《建规》第5.5.17条规定。应调整安全出口或疏散楼梯位置。

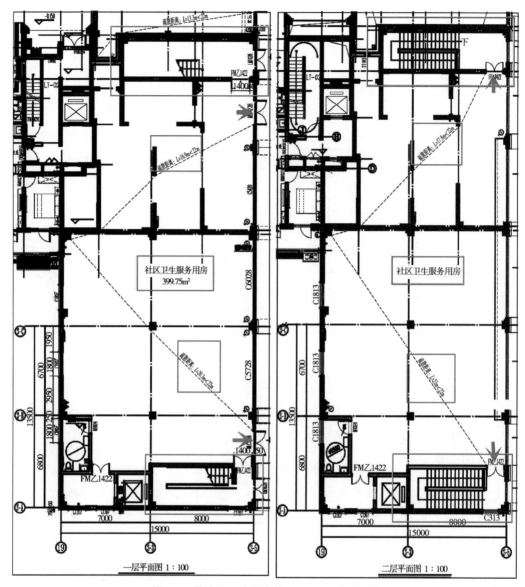

图 4-1 某社区卫生服务中心一、二层平面图

Q43 各类校外少年儿童培训场所应按照学校建筑还是商业建筑进行防火设计审查

（1）参照《南京新兴行业审验解答》答复：教育培训机构一般设置在校外公共建筑中，原则上执行《建规》规定，具体要针对不同年龄的人群执行相应的专项规范。对 12 周岁及以下校外培训场所，应按照"儿童活动场所"开展防火设计，在消防审批申报系统中选择"儿童游乐厅等室内儿童活动场所"类别；对 12 周岁以上校外培训场所，按照

"商业场所"开展防火设计，其中安全疏散按照"教学建筑"开展防火设计，在消防审批申报系统中选择"商场"类别。

（2）参照《山东指引》解答：对于 12 周岁及以下儿童游艺、非学制教育和培训等活动的场所，如儿童早教中心、儿童教育培训学校、儿童特长培训班等类似用途的场所均属于儿童活动场所，防火设计参考执行托儿所、幼儿园的相应规范，对于 12 周岁以上的培训机构，防火设计参考中小学校相应规范执行。

以 12 周岁规定为界限，不大于 12 周岁的校外培训场所可按照儿童活动场所进行防火设计，大于 12 周岁的则按照商业场所开展防火设计，其安全疏散按照教学建筑开展防火设计是比较合理的。

【设计审查要点】

1）儿童活动场所防火设计执行《托幼规》，疏散距离应满足《建规》第 5.5.17 条中托儿所、幼儿园的规定。

2）校外培训学校（大于 12 周岁）应按照商业场所进行防火设计，其安全疏散应满足《建规》第 5.5.17 中关于教学建筑的规定。

【工程案例辨析】某成人培训机构实训楼，建筑面积 9475.3m²，建筑高度 21.9m，耐火等级二级。按照多层办公楼进行防火设计，如图 4-2 所示。直通疏散走道的房间疏散门至最近安全出口的直线距离为 39.5m 和 37.2m，如图 4-3 所示。审查意见提出，该培训楼应按照教学建筑进行疏散设计，其安全疏散距离应不大于 35m。需调整部分功能用房疏散门。

防火设计专篇

一、概况：
1. 工程名称：　　　区培训学校有限公司消防设计
2. 建筑面积：9475.3m²
3. 层数：5层
4. 结构型式：框架结构
5. 耐火等级：二级
6. 该教育机构针对的人群为成年人。

二、防火设计内容：
1. 本项目为　　　培训学校有限公司消防设计，防火规范按《建筑设计防火规范》GB50016-2014（2018年版）中相关条文进行防火设计。
2. 防火分区划分：本项目每层为一个防火分区，防火分区面积小于2500平方米，均符合《建筑设计防火规范》GB50016-2014（2018年版）第5.3.1条规定。
3. 安全疏散：本建筑为多层办公建筑，位于袋形走道两侧或尽端房间门到安全出口直线距离不超22m，位于安全出口之间房间疏散门到安全出口的距离不超40m均符合建筑《建筑设计防火规范》GB50016-2014（2018年版）第5.5.17条规定（地上部分不采用自动喷淋灭火系统）。

图 4-2　某培训机构实训楼防火设计说明

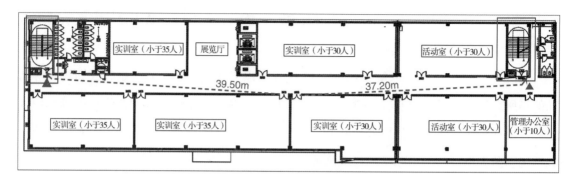

图 4-3　某培训机构实训楼二层平面图

Q44 新建售楼处应按什么性质的建筑进行消防设计

（1）参照《河南审验指南》解答：售楼部设有房屋销售及配套办公等功能，应按照商业建筑进行防火设计。

（2）参照《山东指引》《深圳疑难解析》解答：售楼处按人员密集场所设计。其营业大厅的人数按商业对待，执行《建规》第 5.5.21 条第 7 款的规定，其办公部分的人数可按办公建筑对待，按使用面积 9m²/人来计算人数。

（3）参照《吉林防火标准》解答：售楼处、样板间，及其附属的办公等配套设施，应按商店建筑进行防火设计，售楼处的售楼大厅应按商店营业厅进行防火设计。售楼处的销售区域、样板间的人员密度取值应符合现行国家标准中家具、建材、灯饰商店的有关规定。

售楼处属于商店建筑，是为商品（住宅）直接进行买卖和提供服务供给的公共建筑，属于人员密集场所。售楼处附属的办公等配套设施及功能部分，不影响商店建筑的定性。大部分情况下售楼处被当成临时性建筑设计，在销售完成后被拆除或转化为其他功能建筑，采用大量可燃易燃材料，安全出口、疏散距离等不符合规范要求，因此存在较大的火灾风险。全部按照商业建筑进行防火设计，是比较合理的。

【设计审查要点】

1）售楼处功能涵盖房屋销售及配套办公等内容，应按照商业建筑性质执行《建规》第 5.5.21.7 条和《商店规》相关要求进行消防设计。

2）售楼处内部装修应符合《装修规》中有关商店的要求。

【工程案例辨析】某海滨花园售楼处，总建筑面积 3092.5m²，地上 4 层，建筑高度 19.8m，耐火等级二级，二层为业务洽谈和办公区，建筑面积 837.8m²，如图 4-4 所示。原

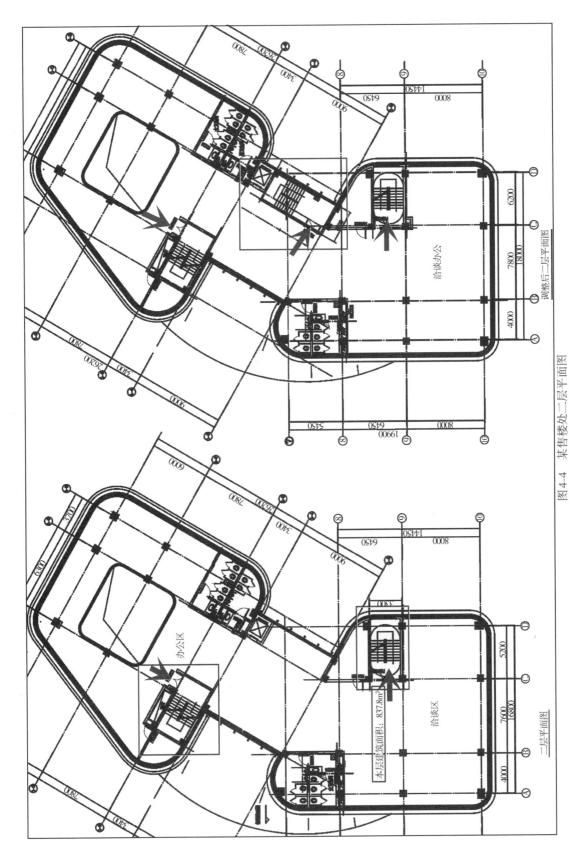

图 4-4　某售楼处二层平面图

售楼处设置两部疏散楼梯，疏散楼梯总宽度3.35m，二层人员密度按照办公9m²/人计算，二层疏散人数为92人，需要的疏散宽度为：1.00×92/100＝0.92（m）<3.35（m）。审查时提出售楼处应按照商业建筑计算疏散人数，需要的疏散宽度为：1.0×0.6×837.8/100＝5.03（m）>3.3（m），疏散宽度不满足要求。调整后增设一部疏散楼梯，疏散总宽度5.05，满足防火规范要求。

【火灾事故警示】某商业广场售楼处重大火灾事故。2010年8月，某商业广场售楼处起火，短时间将建筑两侧敞开式楼梯间封死，火势沿建筑幕墙与楼板之间的缝隙涌入二层南侧室内，二楼人员无法下到一楼逃生，最终造成11人死亡、7人受伤。火灾发生后，由于售楼处销售大厅内放置大量宣传用展板和条幅等易燃物品，致使火灾迅速蔓延。同时沙盘材质为易燃材料，燃烧后释放出大量有毒有害气体并在短时间内封锁出口。售楼处是一个玻璃幕墙封闭的建筑，无窗户和户外楼梯，浓烟封锁楼梯后，二楼人员无法逃生，导致伤亡扩大。事故暴露出该单位违规使用易燃可燃装饰装修材料、建筑消防设施不完善等突出问题。

Q45 汽车销售4S店应按什么性质的建筑进行消防设计

（1）参照《浙江消防指南》解答：汽车4S店整体应按照公共建筑设计，车辆销售、维修和停放区等可组合或贴邻建造，但应符合以下规定：

1）各功能区域之间应采取可靠的防火分隔措施；两侧的门、窗、洞口最近边缘之间的实体墙（宽度）应不小于4m。

2）车辆销售区的防火设计应按照商业营业厅的要求，车辆维修区和停放区应分别按照《汽修规》中有关修车库和汽车库的要求设计。

3）车辆销售区、维修区的安全出口应独立设置。

（2）参照《山东指引》《安徽审验解答》解答：

1）汽车4S店整体按公共建筑进行防火设计。汽车销售、维修及停车等各功能区之间均应单独划分防火分区。采用防火墙和甲级防火门进行防火分隔，不得采用防火卷帘代替。

2）汽车销售区可按大开间商业进行设计，汽车维修区和停车区应分别按《汽修规》中有关修车库和汽车库的规定设计。

3）汽车销售区、维修区和停车区的安全出口应分别独立设置。

（3）参照《吉林防火标准》解答：汽车 4S 店车辆销售区的防火设计应符合国家现行标准中关于商店营业厅的要求，汽车维修区按修车库有关规定进行防火设计，车辆销售区的人员密度可按国家现行标准中建材、家具商店的规定确定。

汽车 4S 店中设有车辆销售、办公、洽谈和汽车维修等功能。车辆销售区销售的产品是汽车，类似于商店建筑中销售床或沙发等大型家具的营业厅。4S 店营业厅一般都只作汽车样品展示和销售，顾客人数比普通百货商店和超市少很多。《建规》仅对普通商店和建材商店、家具和灯饰展示空间的人员密度做出了规定，未明确规定 4S 店的人员密度。按照《民用标》第 6.1.2 条规定："对无标定人数的建筑应按国家现行有关标准或经调查分析确定合理的使用人数，并应以此为基数计算配套设施、疏散通道和楼梯及安全出口的宽度。"参照《吉林防火标准》第 4.8.3 条，4S 店销售区的人员密度为 0.09 人/m²。故汽车展销区的人员密度可参照《建规》第 5.5.21 条对建材、家具、灯饰市场人员密度下限值的要求来确定。

【设计审查要点】

1）汽车 4S 店整体应按公共建筑进行防火设计。汽车销售、维修及停车等各功能区之间均应单独划分防火分区。采用防火墙和甲级防火门进行防火分隔，不得采用防火卷帘代替。

2）汽车展示区按商业进行设计，人员密度参照《建规》第 5.5.21 条对建材、家具、灯饰市场人员密度下限值的要求来确定。

3）汽车维修区和停车区应分别按《汽修规》中有关修车库和汽车库的规定设计。

4）汽车销售区、维修区和停车区的安全出口应分别独立设置。

【工程案例辨析】某汽车 4S 店，总建筑面积 4592.5m²，地上 2 层，其中展示厅部分建筑面积 1083.2m²，一层设有新车展示区、维修车间和钣金（喷漆）车间，耐火等级二级，二层为业务洽谈和办公区。展示厅在 B、C 处设有 2 个安全出口，A 处推拉门不能作为疏散出口，总疏散宽度 1.9m，如图 4-5 所示。

审查意见中提出：

1）展示区与维修车间应采用防火墙和甲级防火门进行防火分隔。

2）维修区安全出口不应采用卷帘门。

3）按照商业建筑计算疏散人数，需要的疏散宽度为：$0.65 \times 0.43 \times 1083.2/100$（m）$= 3.02$（m）$> 1.9$（m），疏散宽度不满足要求。调整后改推拉门为平开门，疏散总宽度 3.4m，满足防火规范要求。原玻璃隔墙改为耐火极限不小于 3.0h 的防火墙，门改为甲级防火门。车间对外卷帘门修改为平开门，如图 4-6 所示。

图 4-5　某汽车 4S 店一层平面图

一层平面图 1 : 150
本层建筑面积 4055.6m²

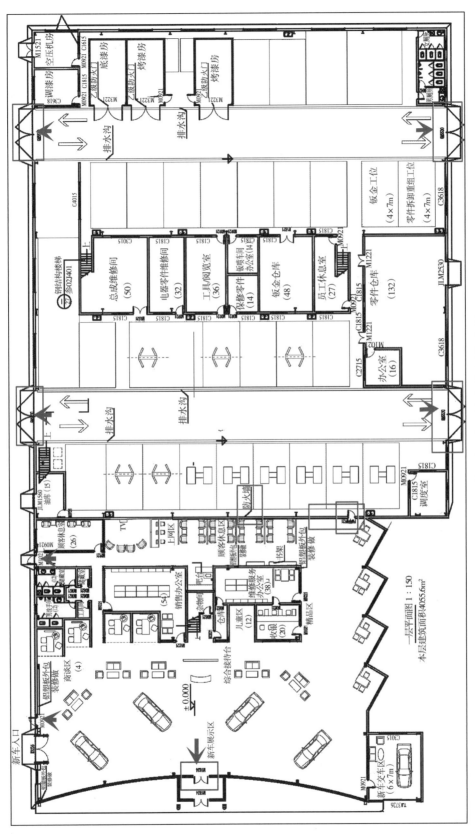

图 4-6 某汽车4S店一层平面图（修改后）

一层平面图1：150
本层建筑面积4055.6m²

【火灾事故警示】2024 年 5 月 16 日凌晨，福州市某 4S 店发生火灾，现场火势迅猛，火光冲天并伴有巨响。展厅汽车基本烧毁，大厅被烧得只剩框架，4S 店外围车辆受损严重，所幸未造成人员伤亡，起火原因还在调查中。

◄第 2 节　疏散距离及安全出口►

Q46 儿童活动场所人员密度指标及疏散距离应如何确定

大型商业综合体中儿童活动场所主要有两大类：儿童教育培训场所和儿童游乐游艺场所。其中儿童教育培训场所又根据教育培训对象的年龄分为 0~3 岁的早教机构、3~6 岁的幼儿培训和 6~12 岁的儿童培训机构场所。12 周岁以上的培训场所，不属于儿童活动场所。《建规》和《建通规》对儿童活动场所的所在楼层、防火分隔和独立疏散等有明文规定，但对儿童活动场所的人员密度指标、疏散距离规定不明确。因此，儿童活动场所的人员密度指标和疏散距离设计，只能按照《建规》中已做出明确规定的，与儿童活动场所使用性质、功能和火灾危险性相似或相近的场所进行设计。

（1）参照《上海质量手册》规定：儿童活动场所室内任一点至最近疏散门或安全出口的直线距离应符合《建规》第 5.5.17 第 3 款有关商业建筑要求确定。

（2）参照《江苏审验解答》规定：商业建筑中的儿童活动场所应按《建规》表 5.5.17 的托儿所、幼儿园的要求控制，其中大空间的儿童活动场所可按第 5.5.17 条第 4 款执行。

（3）参照《深圳疑难解析》解答：儿童活动场所的疏散距离不可按大空间 30m（37.5m）控制，而应按照托儿所幼儿园的袋形走道两侧或尽端的疏散门至最近安全出口的直线距离设计，如一、二级的建筑疏散距离为 20m，建筑内全部设自喷时可增加 25%。

（4）参照《海南审验解答》答复：商业建筑中大空间的儿童活动场所疏散距离应按《建规》第 5.5.17 条第 1 款中托儿所、幼儿园的要求设计。

儿童教育培训场所根据不同的年龄阶段，分为三种，即早教场所、幼儿培训场所和儿童培训场所。《建规》中与早教场所、幼儿培训场所的性质、火灾危险性最相近的是托儿所、幼儿园建筑和场所，故早教场所、幼儿培训场所的疏散距离按照《建规》第 5.5.17 条中托儿所、幼儿园的要求进行设计是比较合理的；早教场所、幼儿培训场所的人员密度指标可按照《幼建标》中全日制幼儿园的规定进行设计。儿童教育培训场所主要针对的培训对象是 6~12 岁阶段的儿童，其使用性质、功能和火灾危险性基本与小学学校相似或相近。因此，儿童教育培训场所的疏散距离应当按照《建规》第 5.5.17 条中关于教学建筑的疏散距离要求进行设计，人员密度指标可按照《中小学规》的规定进行设计。

儿童游乐游艺场所是《建规》中的歌舞娱乐放映游艺场所类别中的特例，其使用性质、功能与歌舞娱乐放映游艺场所基本一致，只不过儿童游乐游艺场所中的消费对象为儿童，其火灾危险性相比一般的歌舞娱乐放映游艺场所火灾危险性较大而已。因此，儿童游乐游艺场所的人员密度指标需按照《建规》中除录像厅以外的其他歌舞娱乐放映游艺场所的要求确定，即其疏散人数应根据厅、室的建筑面积按不小于 0.5 人/m² 计算；儿童游乐游艺场所的疏散距离应按照《建规》第 5.5.17 条中规定的歌舞娱乐放映游艺场所的规定进行设计。

【设计审查要点】

1）一、二级耐火等级早教场所、幼儿培训场所，位于两个安全出口之间的房间疏散门至最近的安全出口直线距离不应大于 25m，袋形走道两侧或尽端的房间门至最近的安全出口直线距离不应大于 20m，房间内任一点至房间内最近的疏散门直线距离不应大于 20m。

2）一、二级耐火等级单多层儿童教育培训场所，位于两个安全出口之间的房间疏散门至最近的安全出口直线距离不应大于 35m，袋形走道两侧或尽端的房间门至最近的安全出口直线距离不应大于 22m，房间内任一点至房间内最近的疏散门直线距离不应大于 22m。

3）一、二级耐火等级儿童游乐游艺场，位于两个安全出口之间的房间疏散门至最近的安全出口直线距离不应大于 25m，袋形走道两侧或尽端的房间门至最近的安全出口直线距离不应大于 9m，房间内任一点至房间内最近的疏散门直线距离不应大于 9m。

Q47 附设在建筑内的儿童活动场所，防火分隔和安全出口应满足什么条件

（1）依据《建通规》第 4.1 条、第 3.5 条、第 7.4.3 条规定，建筑中的儿童活动场所应采用防火门、防火窗、耐火极限不低于 2.00h 的防火隔墙和耐火极限不低于 1.00h 的楼板与其他区域分隔。位于高层建筑内的儿童活动场所，安全出口和疏散楼梯应独立设置。

（2）参照《广东审查解析》解答：儿童活动场所设置在其他建筑内时，设置层数应符合规范要求，同时应采用耐火极限不低于 2.00h 的防火隔墙和 1.00h 的楼板与其他场所或部位分隔，墙上必须设置的门、窗应采用乙级防火门、窗；设置在高层建筑内时，应设

置独立的安全出口及疏散楼梯，疏散楼梯竖向与水平均不可与其他公共建筑合用；设置在单、多层建筑内时，宜设置独立的安全出口和疏散楼梯。

（3）参照《山东审验指南》解答：附设在建筑内的儿童用房及儿童游乐厅等儿童活动场所，当面积超过 300m² 时，应采用耐火极限不低于 2.00h 的防火隔墙和 1.00h 的楼板与其他场所分隔，墙上设置的门、窗应采用乙级防火门、窗（或者洞口宽度不大于 9.0m 的防火卷帘）。附设在建筑内的儿童活动场所应布置在首层、二层或三层，当设置在高层建筑内时，应设置独立的安全出口和疏散楼梯。设置在单、多层建筑内时，宜设置独立的疏散楼梯。

（4）参照《河南审查解答》答复：儿童活动场所应采用防火门、防火窗、耐火极限不低于 2.00h 的防火隔墙和耐火极限不低于 1.00h 的楼板与其他区域分隔，与其他区域之间的开口不应采用防火卷帘、防火水幕及其他防火分隔方式。

（5）参照《南宁消防解答》答复：任一层或任一防火分区内的建筑总面积小于 50m² 的儿童活动空间，可不考虑独立疏散和防火分隔。

儿童对疏散设施的要求与成人有所区别，儿童活动场所与其他功能的场所混合建造时，不利于火灾时儿童疏散和消防救援，应严格控制，并应为儿童活动场所设置独立的安全出口，避免儿童与其他楼层和场所的疏散人员混合。山东省对儿童活动场的分隔措施实际有所放宽，隔墙洞口宽度不大于 9.0m 时允许采用防火卷帘，非特殊情况下不建议采用。南宁市对于总面积小于 50m² 的儿童活动空间不要求独立疏散和防火分隔。河南省要求比较严格，分隔墙禁止采用防火卷帘等其他防火分隔措施。

【设计审查要点】

1）儿童活动场所应采用防火门、防火窗、耐火极限不低于 2.00h 的防火隔墙和耐火极限不低于 1.00h 的楼板与其他区域分隔。

2）位于高层建筑内的儿童活动场所，安全出口和疏散楼梯应独立设置。

3）儿童活动场所不应布置在地下或半地下，对于一、二级耐火等级建筑，应布置在首层、二层或三层。

【工程案例辨析】某幼儿艺术培训学校，建筑面积 387.83m²，位于高层办公楼的第三层，耐火等级二级，如图 4-7 所示。舞蹈教室走廊一侧采用玻璃隔断，设有两部疏散楼梯，其中一部与原商业部分共用，另一部独立疏散到一楼室外安全出口。审查意见提出，位于高层建筑内的儿童活动场所，安全出口和疏散楼梯应独立设置，不应与商业部分共用。幼儿培训场所与商业之间不应采用防火卷帘分隔，应采用耐火极限不低于 2.00h 的防火隔墙分隔。

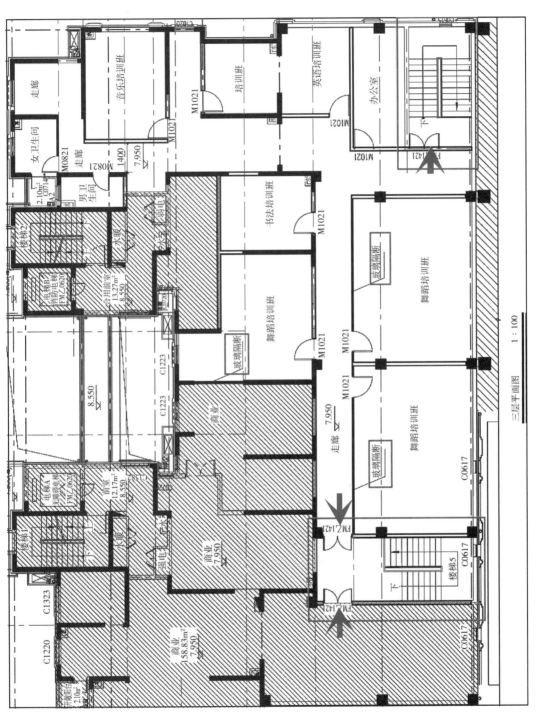

图 4-7 某幼儿艺术培训学校三层平面图

三层平面图 1 : 100

第5章

建筑构造与装修

Q48 防火墙和防火隔墙是否可以采用防火玻璃墙代替

（1）参照《深圳疑难解析》解答：防火墙和防火隔墙均为用于防止火灾水平蔓延的墙体，可以局部采用 A 类同等耐火等级的防火玻璃墙替代。防火玻璃墙是由防火玻璃、镶嵌框架和防火密封材料组成，防火玻璃及其固定框架等整体要满足相应部位防火墙的设计耐火极限，达到与防火墙相当的防火构造要求。但对于建筑高度大于 250m 的超高层民用建筑内的防火墙、防火隔墙不能采用防火卷帘、防火玻璃墙替代，以提高防火分隔的有效性和可靠性。

（2）参照《广东审查解析》解答：电梯侯梯厅可以采用满足 2.00h 耐火极限的防火玻璃墙与汽车库分隔，其防火玻璃墙应整体满足耐火完整性和隔热性要求，并应提供相应的构件检验报告。

（3）参照《吉林防火标准》规定：

1）汽车 4S 店中的修车区与车辆销售区贴临时，应采用防火墙和耐火极限不低于 2.00h 的不燃性楼板进行分隔，防火墙上可开设甲级防火门，不得采用防火卷帘和防火玻璃墙。

2）专用救援通道应采用耐火极限不低于 2.00h 的防火隔墙、1.00h 的楼板与周边其他空间进行分隔，不应采用防火卷帘、防火玻璃墙。

（4）参照《山东审验指南》解答：火灾危险性较大的场所（电影院、录像厅、储藏间以及附设在建筑内的托儿所、幼儿园的儿童用房和儿童游乐厅等），其防火分隔不应采用防火卷帘、防火玻璃墙等方式。

【设计审查要点】

1）电影院、录像厅、储藏间以及附设在建筑内的托儿所、幼儿园的儿童用房和儿童游乐厅不应采用防火卷帘、防火玻璃墙等方式分隔。

2）电梯侯梯厅可以采用满足 2.00h 耐火极限的防火玻璃墙与汽车库分隔。

【工程案例辨析】某景区儿童乐园，地上2层，其中一层设有儿童游艺厅、餐厅和购物中心，耐火等级二级。儿童游艺厅与商业部分采用耐火完整性和耐火隔热性均不低于1.00h的玻璃墙体进行防火分隔，如图5-1所示。审查意见中提出，附设在建筑内的儿童游艺厅不应采用防火玻璃墙，应采用防火隔墙与商业部分进行分隔。

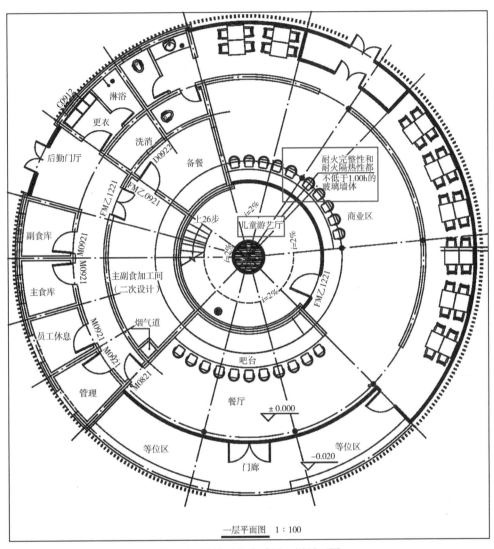

一层平面图　1∶100

图 5-1　某景区儿童乐园一层平面图

Q49 疏散走道两侧的隔墙是否可以设置普通窗

（1）参照《深圳疑难解析》解答：疏散走道两侧隔墙上可设置普通门窗，隔墙上开窗面积不应大于墙面面积的25%；靠外廊的墙体（包括敞开外廊）开窗面积不应大于墙面面积的50%（墙面面积包括门洞和吊顶上部墙面面积）。当不满足上述要求时，应采用乙级防火窗或设置耐火隔热性和耐火完整性均不低于1.00的防火玻璃墙。

（2）参照《广东审查解析》解答：一、二级耐火等级建筑的疏散内走道两侧的墙应为耐火极限不低于1.00h的墙，超出房间合理开门面积的普通玻璃门及走廊上的普通窗总的门、窗、洞口面积不超过走廊天花吊顶以下墙身面积的25%的部分可为普通门和普通窗，当超过25%时，应采用乙级防火窗或设置耐火隔热性和耐火完整性均不低于1.00h的防火玻璃墙。

（3）参照《大连审验指南》解答：一、二级耐火等级建筑的疏散走道两侧的隔墙应为耐火极限1.00h的隔墙，除规范另有规定外，墙上的门窗可为普通门窗，门窗的面积比不应超过所在房间墙身面积的25%。

（4）参照《吉林防火标准》规定：一、二级耐火等级建筑室内疏散走道两侧的隔墙上如开设非防火门、窗时，其总面积不应大于该房间与疏散走道隔墙面积的40%，且开口的宽度之和不大于该墙面宽度的1/2。墙面积应为该墙段房间内、疏散走道中净高较大者与该墙面轴线间长度的乘积。

（5）参照《济南审验释疑》解答：一、二级耐火等级建筑的疏散走道两侧的隔墙应为耐火极限1.00h的隔墙，墙上的门窗可为普通门窗，窗的面积不应超过窗所在房间墙身面积的50%。大于50%时，应采用乙级防火窗或设置耐火完整性和耐火隔热性均不低于1.00h的玻璃墙体。门可按普通门设计。其中窗所在房间墙身面积应为窗所在房间走廊吊顶至地面的墙身面积（含门的面积）。

对疏散走道上开设普通窗，不同地方要求差别较大，广东、深圳、大连等要求不超25%，吉林要求不超40%，山东济南要求不超50%。且对窗所在房间墙身面积计算也不统一。设计人员设计项目时最好提前与当地图审机构沟通协调。

【设计审查要点】

1）《建规》中对普通疏散走道两侧门窗的耐火极限没有明确规定。当疏散走道两侧采用玻璃隔断或窗户时（包括全部和局部），玻璃隔断或窗户（包括同一墙面上的普通门）的面积对应走道房间墙面投影面积大于50%时，应满足耐火极限1.0h的要求。

2）窗所在房间墙身面积应为窗所在房间走廊吊顶至地面的墙身面积（含门的面积）。

【工程案例辨析】某小学教学楼，建筑面积1063.8m²，耐火等级二级，地上4层，层高3.9m，走廊设置吊顶，吊顶距地面高度为3.1m。其中疏散走道两侧设有2.1m×1.0m的高窗，教室设有2个1.2m×2.7m的疏散门，普通教室开间9.0m，如图5-2所示。取其中一个教室进行计算：

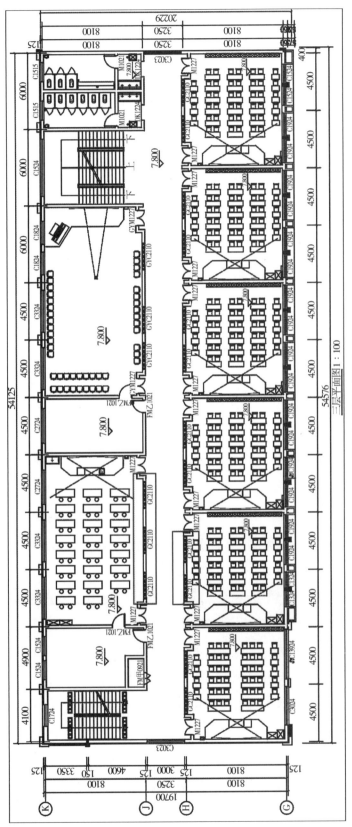

图 5-2　某小学教学楼三层平面图

高窗面积和宽度：面积 $2\times2.1\times1.0=4.2$（m²），开口宽度 4.1m。门洞面积和宽度：面积 $1.2\times2.7\times2=6.48$（m²），门洞宽度 2.4m。门和窗总面积：$4.2+6.48=10.68$（m²）。门窗所在墙体总面积：$3.1\times9.0=27.9$（m²）。占比计算：$27.9\times25\%=6.98$（m²），$27.9\times40\%=11.16$（m²），$27.9\times50\%=13.95$（m²）。从以上计算可以看出：

1）按照广东、大连的规定，此教室疏散走道上开的普通高窗不满足 25% 的要求。

2）满足吉林 40% 的规定，但门窗开口的宽度之和大于该墙面宽度的 1/2，不满足要求。

3）满足山东 50% 的规定。

Q50 电影院观众厅可不按无窗房间进行装修吗

（1）参照《中建院复函》回复：

1）电影院的观众厅属于高大的室内空间场所，且一般设置有放映窗，不属于《装修规》规定的无窗房间范畴。

2）房间内如果安装了能够被击破的窗户、外部人员可通过该窗户观察到房间内部情况，则该房间可不被认定为无窗房间。

（2）参照《广东审查解析》解答：电影院观众厅应按电影院专业规范执行，可不按无窗房间进行设计。

（3）参照《四川审查要点》解答：电影院的观众厅属于高大的室内空间场所，且一般设置有放映窗，不属于《装修规》第 4.0.8 条规定的无窗房间范畴。

《装修规》中第 4.0.8 条明确规定：无窗房间内部装修材料的燃烧性能等级除 A 级外，应在本标准表 5.1.1、表 5.2.1、表 5.3.1、表 6.0.1、表 6.0.5 规定的基础上提高一级。在规范条文说明中对本条规定的目的进行了说明，无窗房间发生火灾时有几个特点：

1）火灾初起阶段不易被发觉，发现起火时，火势往往已经较大。

2）室内的烟雾和毒气不能及时排出。

3）消防人员进行火情侦察和施救比较困难。电影院的观众厅属于高大的室内空间场所，且一般设置有放映窗，不属于本规范规定的无窗房间范畴。规范所规定的无窗房间内，同时装有火灾自动报警装置和自动灭火系统时，装修材料的等级不允许降级。如果房间原来无窗，但是房间存在能够被击碎的窗户并能通过该窗户观察到房间内部情况，则该房间可不被认定为无窗房间。例如，把门改为带透明玻璃的门，室内装修材料的耐火性能等级也就无须按无窗房间的要求选用。

【设计审查要点】

1）无窗房间内部装修材料的燃烧性能等级除 A 级外，应在《装修规》规定的基础上提高一级。

2）无窗房间内同时装有火灾自动报警装置和自动灭火系统时，装修材料的等级不允许降级。

【工程案例辨析】某小学多功能厅，建筑总面积 2961.44m²，多功能厅建筑面积 963.90m²，耐火等级二级，地 2 层，层高 4.5m，如图 5-3 所示。吊顶采用安装在金属龙骨上燃烧性能达到 B₁ 级的矿棉吸声板（A 级），墙面涂白色内墙涂料（A 级），地面铺防滑

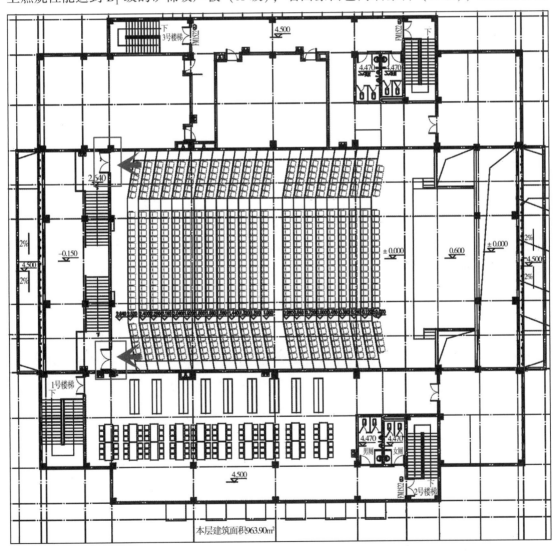

图 5-3　某小学多功能厅二层平面图

地砖（A级）。装有火灾自动报警装置和自动灭火系统。固定座位采用硬PVC塑料（B_1级），窗帘为普通织物（B_2级）。从以上可以看出：

1）若按照无窗房间内部装修材料燃烧性能等级要求，应全部采用A级装修材料。

2）按照《装修规》要求，若把两个疏散门改为带透明玻璃的门，室内装修材料的耐火性能等级也就无须按无窗房间的要求来选用材料了。

Q51 疏散楼梯中支承楼梯休息平台的柱是否应满足主体结构柱的耐火极限

（1）参照《安徽审验解答》：组成楼梯的各个构件的耐火极限，应同时满足疏散楼梯的耐火极限要求。

（2）参照《山东审查解答》：梯柱作为楼梯梯段及平台的支撑柱，一般可取疏散楼梯的耐火极限要求，如同时支撑楼梯间墙，尚应满足楼梯间墙的耐火极限。如根据《建规》要求，一级耐火等级时疏散楼梯耐火极限为1.5h，楼梯间墙耐火极限为2.0h。一级耐火等级时梯柱截面选型以满足此耐火极限的最小要求即可。

依据《建规》规定，地下或半地下建筑（室）和一类高层建筑的耐火等级不应低于一级，单、多层重要公共建筑和二类高层建筑的耐火等级不应低于二级，除木结构建筑外，老年人照料设施的耐火等级不应低于三级。一级耐火等级的柱耐火极限3.0h，二级耐火等级柱耐火极限2.5h，三级耐火等级柱耐火极限2.0h。一、二级耐火等级楼梯间墙的耐火极限2.0h，三级耐火等级楼梯间墙耐火极限1.5h。对疏散楼梯，一级耐火等级1.5h，二级耐火等级1.00h，三级耐火等级0.75h。当楼梯平台钢筋混凝土柱截面为200mm×200mm时，耐火极限为1.4h；楼梯平台柱截面为200mm×300mm时，耐火极限为2.5h；楼梯平台柱截面为200mm×400mm时，耐火极限为2.7h；楼梯平台柱截面为200mm×500mm（300mm×300mm）时，耐火极限为3.0h。通常楼梯平台柱截面要求不小于400mm×400mm。当楼梯位于地上时，取楼梯平台柱截面200mm×400mm比较合适，楼梯位于地下时，取楼梯平台柱截面200mm×500mm满足要求。因此，平台柱截面大小的确定应根据主体结构的耐火极限而确定。

【设计审查要点】

1）先确定耐火等级，根据耐火等级确定梯柱截面［考虑到建筑200mm的砌块墙，选择200mm×400mm（二级），或者200mm×500mm（一级），不影响建筑的话，也可以选择

300mm×300mm]。

2）应考虑与结构专业的配合。柱截面的宽度和高度，抗震等级四级或不超过 2 层时不宜小于 300mm，一、二、三级且超过 2 层时不宜小于 400mm；圆柱的直径，四级或不超过 2 层时不宜小于 350mm，一、二、三级且超过 2 层时不宜小于 450mm。

3）参照《结构技术措施》中第 4.2.4 条说明：楼梯梁和楼梯柱的抗震等级、轴压比、配筋构造等应满足主体结构框架的构造要求，楼梯柱截面面积不应小于 300mm×300mm，当楼梯柱宽度为 200mm 时，应相应增加楼梯柱的截面长度不小于 500mm。

【工程案例辨析】

（1）某地下车库，耐火等级一级，楼梯平台柱采用 300mm×300mm 截面，耐火极限 3.0h，满足规范要求，如图 5-4 中楼梯 1。

（2）某一类高层住宅楼，耐火等级一级，楼梯平台柱采用 200mm×450mm 截面如图 5-4 中楼梯 2，耐火极限大于 2.0h，按照一、二级耐火等级楼梯间墙耐火极限 2.0h，符合墙耐火极限要求，但按照一级耐火等级柱耐火极限 3.0h，审查意见中建议调整为 200mm×500mm。

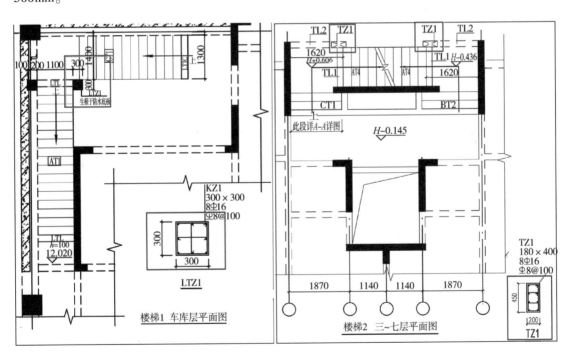

图 5-4　某地下车库和高层住宅楼梯平面图

第6章

建筑结构防火计算

Q52 钢结构防火涂料型式检验报告的耐火时间可作为钢结构构件的耐火时间依据吗

现在很多的防火涂料厂家只给一个型式检验报告，没有等效热传导系数或等效热阻。当型式检验报告的耐火时间不小于钢结构构件的耐火时间一致时，就认为防火涂料满足设计要求。

但依据《钢涂规》第3.1.6条规定，建筑物或构筑物钢结构设计的耐火极限确定后，当设计厚度和型式检验报告或型式试验报告载明的厚度不一致时，应将型式检验报告或型式试验报告载明的厚度作为能够满足钢结构防火需求的防火涂层厚度。有些地方消防要求取大值。其实型式检验只是防火涂料产品各项指标合格性的检验，也可以说就是产品合格证，实际的防火涂料厚度还是应该按《建钢规》的要求，根据热阻参数计算确定，这样更合理。

对于膨胀型防火涂料（薄型、超薄型），应明确防火保护层的等效热阻值，对于非膨胀型防火涂料（厚型），应明确防火保护层的等效热传导系数和厚度。故防火施工时钢结构选择的防火涂料要满足等效热阻值或等效热传导系数和厚度的要求，不能仅按防火涂料型式检验报告的耐火时间作为钢结构构件的耐火时间依据。

【设计审查要点】

1）型式检验只是防火涂料产品各项指标合格性的检验，实际的防火涂料厚度应该按《建钢规》的要求，根据热阻参数计算确定。

2）对于膨胀型防火涂料（薄型、超薄型），应明确防火保护层的等效热阻值，对于非膨胀型防火涂料（厚型），应明确防火保护层的等效热传导系数和厚度。

【工程案例辨析】某装焊车间，耐火等级二级，单层钢结构厂房。各构件的耐火极限：屋面檩条1.0h，钢梁、屋盖支撑、隅撑、设置隅撑处屋面檩条及系杆1.5h；钢柱、柱间支撑2.5h。本工程钢柱、柱间支撑采用非膨胀型防火涂料，厚度≥36mm，等效热阻≥0.49（m²·℃）/W，密度≤410kg/m³，热传导系数0.08W/[W/（m·℃）]，比热1000J/

(kg · ℃)]。钢梁、屋盖支撑、屋面檩条、隅撑及系杆采用膨胀型防火涂料，厚度不得小于 4mm，等效热阻不得小于 0.30 (m^2 · ℃)/W，如图 6-1 所示。

七、防火

7.1 钢结构的防火应符合《建筑设计防火规范》GB 50016、《建筑钢结构防火技术规范》GB 51249的要求，本工程耐火等级为二级。

7.2 各构件的耐火极限：屋面檩条1.0h，钢梁、屋盖支撑、隅撑、设置隅撑处屋面檩条及系杆 1.5h；钢柱、柱间支撑2.5h。

7.3 采用防火涂料作耐火防护。防火涂料的材料必须选用经消防管理部门鉴定认可的，并有质量保证资料。选用的防火涂料应与防锈漆相适应，并有良好的结合力及耐久性。应做防腐防火涂料相容性实验，实验结果应达到防火涂料与防腐涂料配套良好。

7.4 涂料作业施工、检验与验收必须严格执行现行国家标准《钢结构防火涂料》GB14907。

7.5 本工程钢柱、柱间支撑采用非膨胀型防火涂料，厚度不得小于36mm（其中女儿墙柱厚度不得小于39mm），等效热阻不得小于0.49(m^2*℃/w)，密度≤410kg/m3 热传导系数0.08W/(m*°c)，比热1000J/(Kg*°c)。

当工程实际使用材料的等效热传导系数与设计要求不一致时，可按照《建筑钢结构防火设计规范》(GB 51249—2017)附录A中的相关要求，按换算后的涂层厚度施工。并同时满足建筑专业防火设计的相关要求。

7.6 本工程钢梁、屋盖支撑、屋面檩条、隅撑及系杆采用膨胀型防火涂料，厚度不得小于4mm，等效热阻不得小于0.30(m^2*℃/w)；密度≤600kg/m3，热传导系数0.08W/(m*°c)，比热1000J/(Kg*°c)

7.7 本工程中防火涂料厚度根据涂料厂家产品参数，满足耐火极限要求，且不得小于上述数值。防火涂料的理化性能和热无物理性能与设计不符时应向设计提供相应防火涂料检测报告进行复核。

7.8 采用喷涂非膨胀型防火涂料，当构件的腹板高度大于500mm且涂层厚度不小于30mm或构件的腹板高度大于500mm且涂层长期暴露在室外时，应在涂层内设置于钢构件相连的镀锌铁丝网或玻璃纤维布。

7.9 钢结构节点的防火保护应与被连接构件中的防火保护要求最高者相同。

7.10 安装防火墙的梁柱等承重结构耐火极限不低于4.0小时，相关钢构件采用外涂防火涂料和防火板包覆相结合的做法。

7.11 膨胀型防火涂料的涂层厚度应符合耐火极限的设计要求。非膨胀型防火涂料的涂层厚度，80%及以上面积应符合耐火极限的设计要求，且最薄处厚度不应低于设计要求的 85%。检查数量按同类构件数抽查10%，且均不应少于3件。

图 6-1　某装焊车间防火说明

Q53 《建钢规》有三种不同的防火验算方法，实际中是否应该采用三种方法分别进行验算

依据《建钢规》第 3.2.6 条，钢结构构件的耐火验算和防火设计，可采用耐火极限法、承载力法或临界温度法。本条给出了构件耐火验算时的三种方法。耐火极限法是通过比较构件的实际耐火极限和设计耐火极限，来判定构件的耐火性能是否符合要求，并确定其防火保护。结构受火作用是一个恒载升温的过程，即先施加荷载，再施加温度作用。模

拟恒载升温，对于试验来说操作方便，但是对于理论计算来说则需要进行多次计算比较。为了简化计算，可采用直接验算构件在设计耐火极限时间内是否满足耐火承载力极限状态要求。火灾下随着构件温度的升高，材料强度下降，构件承载力也将下降；当构件承载力降至最不利组合效应时，构件达到耐火承载力极限状态。构件从受火到达到耐火承载力极限状态的时间即为构件的耐火极限；构件达到其耐火承载力极限状态时的温度即为构件的临界温度。因此，《建钢规》式（3.2.6-1）、式（3.2.6-2）、式（3.2.6-3）的耐火验算结果是完全相同的，耐火验算时只需采用其中之一即可。

【设计审查要点】

1）防火材料的参数应根据实际防火涂料填写。

2）当构件的荷载比接近于1的时候，无论如何增加涂层的厚度都不能满足需要达到的耐火等级要求，程序便无法进行设计，此时就需要调整构件尺寸或耐火等级使其满足设计要求。

3）膨胀型涂料是一种在高温下膨胀发泡，形成耐火隔热保护层的钢结构防火涂料，涂层厚度不小于1.5mm。非膨胀型材料是一种在高温下不膨胀发泡，其自身成为耐火隔热保护层的钢结构防火涂料，涂层厚度不小于15mm。对于室内的隐蔽构件，宜选用非膨胀型。对于设计耐火极限大于1.50h的构件，不宜选用膨胀型涂料。防火涂料的选用还应与防腐涂料相容、匹配。

【工程案例辨析】采用两种不同软件对钢结构防火设计验算比较：

1）盈建科（YJK）钢结构防火设计验算：盈建科软件采用承载力法防火验算，防火设计验算步骤如图6-2所示，设置承载力法防火验算总参数如图6-3所示，设置防火措施及防火涂料参数如图6-4所示。

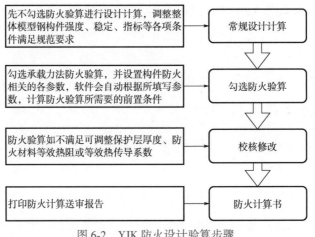

图 6-2　YJK 防火设计验算步骤

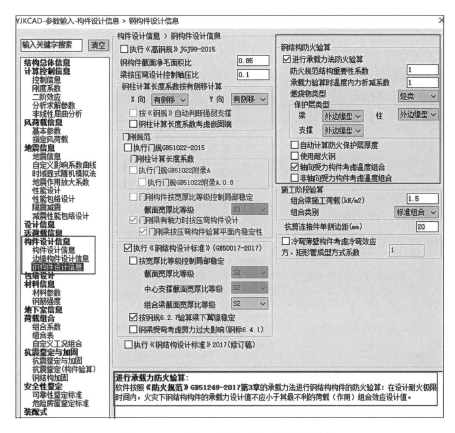

图 6-3　YJK 设置承载力法防火验算总参数

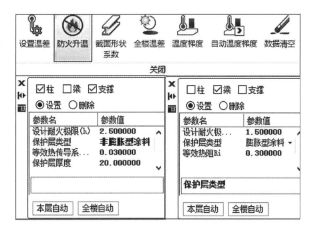

图 6-4　YJK 设置防火措施及防火涂料参数

2）PKPM 钢结构防火设计验算：PKPM 程序采用临界温度法进行防火设计。防火设计验算步骤如图 6-5 所示，前处理参数中勾选进行抗火设计，并设置好抗火设计相关参数，如图 6-6 所示。定义梁、柱构件抗火参数，如图 6-7 所示。最后可输出钢结构防火计算书文本。

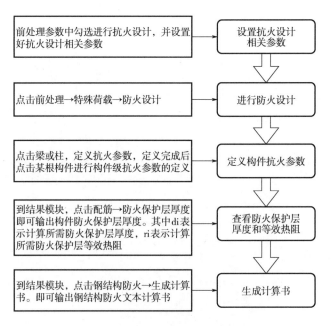

图 6-5　PKPM 防火设计验算步骤

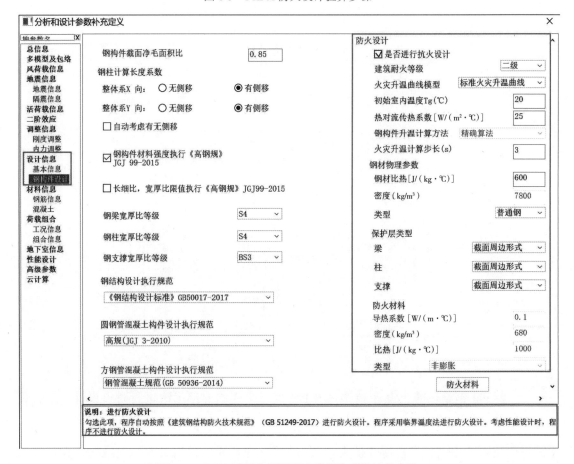

图 6-6　PKPM 采用临界温度法进行抗火设计总参数

图 6-7　PKPM 设置构件抗火参数

Q54 实际工程中应该怎样选择防火涂料？具体有哪些要求

（1）依据《建钢规》第 4.1.3 条，钢结构采用喷涂防火涂料保护时，应符合下列规定：

1）室内隐蔽构件，宜选用非膨胀型防火涂料。

2）设计耐火极限大于 1.50h 的构件，不宜选用膨胀型防火涂料。

3）室外、半室外钢结构采用膨胀型防火涂料时，应选用满足环境对其性能要求的产品。

4）非膨胀型防火涂料涂层的厚度不应小于 10mm。

5）防火涂料与防腐涂料应相容、匹配。

（2）依据《钢涂规》第 3.2 节规定：

1）钢结构防锈漆宜选用环氧类防锈漆，不宜选用调和漆。

2）非膨胀型防火涂料涂层的厚度不应小于 10mm。

3）设计耐火极限大于 1.50h 的全钢结构建筑，宜选用非膨胀型钢结构防火涂料或环氧类膨胀型钢结构防火涂料。

4）除钢管混凝土柱外，设计耐火极限大于 2.00h 的构件，应选用非膨胀型钢结构防火涂料或环氧类膨胀型钢结构防火涂料。

5）设计耐火极限大于 2.00h 的钢管混凝土柱，既可选用膨胀型钢结构防火涂料，也可选用非膨胀型钢结构防火涂料。

6）室内隐蔽钢结构，宜选用非膨胀型防火涂料或环氧类钢结构防火涂料。

7）室外或露天工程的钢结构应选用室外钢结构防火涂料。

非膨胀型防火涂料以膨胀蛭石、膨胀珍珠岩、矿物纤维等无机绝热材料为主，具有较好的耐久性，应优先选用。但非膨胀型防火涂料的涂层强度较低、表面外观较差，更适宜用于隐蔽构件。膨胀型防火涂料以有机高分子材料为主，随着时间的延长，容易老化失效，出现粉化、脱落现象。室外、半室外钢结构的环境条件比室内钢结构严酷，对膨胀型防火涂料的要求更高。应特别注意防火涂料与防腐涂料的相容性问题，尤其是膨胀型防火涂料，因为它与防腐油漆同为有机材料，可能发生化学反应。在不能出具第三方证明材料证明"防火涂料、防腐涂料相容"的情况下，应委托第三方进行试验验证。膨胀型防火涂料、防腐油漆的施工顺序为：防腐底漆、防腐中间漆、防火涂料、防腐面漆，在施工时应控制防腐底漆、中间漆的厚度，避免由于防腐底漆、中间漆的高温变性导致防火涂层的脱落，避免因面漆过厚、过硬而影响膨胀型防火涂料的发泡膨胀。

【设计审查要点】

1）设计耐火极限大于 1.50h 的构件，不宜选用膨胀型防火涂料，设计耐火极限大于 2.00h 的构件，应选用非膨胀型钢结构防火涂料或环氧类膨胀型钢结构防火涂料。

2）非膨胀型防火涂料涂层的厚度不应小于 10mm。

3）防火涂料与防腐涂料应相容、匹配。

【工程案例辨析】某汽车加油站罩棚，单层钢框架结构，箱型柱，焊接 H 型钢梁，其中罩棚结构耐火等级二级，所有钢结构喷刷防火涂料，罩棚柱的耐火极限为 2.5h，顶棚承重构件耐火极限为 0.25h。防火涂料应采用膨胀型的薄型防火涂料，防火说明如图 6-8 所示。审查意见提出，罩棚柱处于室外环境，耐火极限为 2.5h，应选用非膨胀型钢结构防火涂料或环氧类膨胀型钢结构防火涂料。

三、工程概况：

3.1 工程名称：_____ 有限公司加油站（新建），工程位于：_____

3.2 罩棚水平投影面积：（624）m^2，建筑面积：（312）m^2，罩棚净高：（6.5）m。

3.3 结构形式：钢框架结构。

3.4 罩棚屋面：钢板型号为YX51-380-760（角弛 ），板厚为（0.6）mm。

九、钢结构防火工程：

9.1 罩棚结构耐火等级二级，所有钢结构均应喷刷防火涂料，罩棚柱的耐火极限为2.5h；顶棚承重构件耐火极限为0.25h。

9.2 钢结构耐火防护做法：所选用的钢结构防火涂料品种及涂层厚度由试验确定，应符合《建筑钢结构防火技术规程》GB51249-2017的要求。钢结构防火涂料与防锈蚀油漆（涂料）之间应进行相容性试验，试验合格后方可使用。对于露天钢结构应选用适合室外用的钢结构防火涂料。

9.3 钢柱、钢梁采用喷涂防火涂料保护，其涂层厚度应达到设计要求，且节点部位作加厚处理。

9.4 上述防火措施须得到当地消防主管部门审批同意后方可施工，耐火极限以消防主管部门的意见为准。

9.5 防火涂料应采用膨胀型的薄型防火涂料，防火涂料的等效热阻Ri≥0.3m^2·℃/W，防火涂料涂刷厚度应≥5mm。

图 6-8　某汽车加油站罩棚防火说明

Q55 防火设计需输入防火涂料的厚度和等效热传导系数或等效热阻，但计算前没有厂家防火涂料的相关性能参数，此种情况下应如何解决

《建钢规》第5.3节给出了根据标准耐火试验得到的钢构件实测升温曲线计算等效热传导系数或等效热阻的公式，实际工程操作中可先根据以往工程类似防火涂料的型式检验报告计算出相应梁和柱等构件的等效热传导系数或等效热阻，计算时需要用到构件的截面形状系数，实际操作可分组进行计算，再布置到模型中，计算结果一般能满足设计要求，最终应以该项目的型式检验报告为准，只要型式检验报告结果能满足当时的设计要求即可。

Q56 当防火涂料设计厚度和型式检验报告载明的厚度不一致时，应如何解决

依据《钢涂规》第3.1.6条规定：建筑物或构筑物钢结构设计的耐火极限确定后，当设计厚度和型式检验报告或型式试验报告载明的厚度不一致时，应将型式检验报告或型式试验报告载明的厚度作为能够满足钢结构防火需求的防火涂层厚度。

审图中发现，有的设计人员既规定了构件的耐火极限，又规定了涂层的厚度，这是不合适的。对于同样的耐火极限，当设计厚度和型式检验报告或型式试验报告载明的厚度不一致时，应将型式检验报告或型式试验报告载明的厚度作为能够满足钢结构防火要求的防火涂层厚度。

Q57 当施工所用防火保护材料的等效热传导系数与设计文件要求不一致时，应如何解决

依据《建钢规》第3.1.5条规定，当施工所用防火保护材料的等效热传导系数与设计文件要求不一致时，应根据防火保护层的等效热阻相等的原则确定保护层的施用厚度，并应经设计单位认可。对于非膨胀型钢结构防火涂料、防火板，可按下式（6-1）确定防火

保护层的施用厚度；对于膨胀型防火涂料，可根据涂层的等效热阻直接确定其施用厚度。

$$d_{i2} = d_{i1} \frac{\lambda_{i2}}{\lambda_{i1}} \tag{6-1}$$

式中　d_{i1}——钢结构防火设计技术文件规定的防火保护层厚度（mm）；

　　　d_{i2}——防火保护层实际施用厚度（mm）；

　　　λ_{i1}——钢结构防火设计技术文件规定的非膨胀型防火涂料、防火板的等效热传导系数［W/（m·℃）］；

　　　λ_{i2}——施工采用的非膨胀型防火涂料、防火板的等效热传导系数［W/（m·℃）］。

　　等效热阻是衡量防火保护层防火保护性能的技术指标。非膨胀型钢结构防火涂料、防火板等材料的等效热传导系数与防火保护层厚度无关，因此根据防火保护层的等效热阻相等原则可按式（6-1）确定实际施工厚度。膨胀型钢结构防火涂料的等效热传导系数与防火保护层厚度有关，最好直接根据等效热阻确定防火保护层的厚度（涂层厚度）。

Q58 进行钢结构防火验算后，设计文件中应注明哪些防火设计内容

　　依据《建钢规》第3.1.4条规定，钢结构的防火设计文件应注明建筑的耐火等级、构件的设计耐火极限、构件的防火保护措施、防火材料的性能要求及设计指标。防火保护措施及防火材料的性能要求、设计指标包括：防火保护层的等效热阻、防火保护材料的等效热传导系数、防火保护层的厚度、防火保护的构造等。型式试验报告是检验厂家防火涂料的性能，包括应给出产品的等效热阻和等效热传导系数以及对应的产品厚度。而设计给出的是不同结构在防火设计中所需要的防火涂料的性能，如等效热阻、等效热传导系数，并不是给出明确的厚度。因为，实际施工防火涂料要匹配的永远是防火涂料的性能，如等效热阻、等效热传导系数。然后再根据性能相同来对应厂家产品的防火涂层厚度，而不是直接等数值匹配耐火极限和厚度。

第7章

消防技术设计审查要点

◀第1节 特殊建设工程消防设计审查▶

Q59 消防设计审查的目的是什么

消防设计审查的根本目的是为了预防火灾和减少火灾危害，加强应急救援工作，保护人身、财产安全，维护公共安全。消防工作贯彻以预防为主、防消结合的方针，实行政府统一领导、部门依法监管、单位全面负责的原则，实行消防设计审查，建立健全社会化的消防工作网络。从建设工程消防设计的源头抓起，进行消防图纸质量把关。通过施工图审查，严格执行国家工程建设消防技术标准通用规范、国家工程建设消防技术标准中带有"严禁""必须""应""不应""不得"要求的非强制性条文规定，保证消防设计深度要求，提高建设工程消防设计质量。最终使建设工程能够达到如下抗火能力：

1) 保证人员在火灾时的安全疏散。

2) 保证建筑结构在受到火灾或高温热作用后不会发生严重性破坏和倒塌。

3) 保证重要公用设施的正常运行、工业的正常生产或商业经营活动等不会因火灾而中断、停产或造成重大不良影响。

4) 防止因火灾而导致周围建筑受到影响。

Q60 哪些工程属于特殊建设工程

具有下列情形之一的建设工程属于特殊建设工程（包含其改造工程），具体见表7-1。

表 7-1 特殊建设工程分类

类别	子项	示例	面积 S 高度 H	备注
住宅建筑	高层住宅	一类高层住宅	$H>54m$	
教育建筑	托幼建筑	托儿所、幼儿园儿童用房	$S_{总}>1000m^2$	1."总建筑面积"是指申请消防设计审查的建设工程单体总建筑面积。
	中小学校	教学楼、图书馆、食堂、集体宿舍	$S_{总}>1000m^2$	
	高等院校	集体宿舍	$S_{总}>1000m^2$	
		教学楼、图书馆、食堂	$S_{总}>2500m^2$	
办公建筑	国家机关	办公楼、电力调度楼、电信楼、邮政楼、防灾指挥调度楼、广播电视楼、档案楼	—	
商业建筑	售卖场所	商场、市场	$S_{总}>10000m^2$	2. 规划的商业楼按商场面积计算。
	休闲场所	室内儿童乐园	$S_{总}>1000m^2$	3. 劳动密集型企业是指具有单个厂房或者车间建筑面积超过 2500m² 且同一工时用工人数超过 100 人的从事纺织、鞋帽、玩具、食品、药品、电子、家具等产品生产、加工等情形的企业。
		营业性室内健身房、休闲场馆	$S_{总}>2500m^2$	
		歌舞厅、录像厅、放映厅、卡拉 OK 厅、夜总会、游艺厅、桑拿浴室、网吧、酒吧	$S_{总}>500m^2$	
饮食建筑	餐饮场所	具有娱乐功能的餐馆、茶馆、咖啡厅	$S_{总}>500m^2$	
旅馆建筑	临时住宿	饭店、宾馆	$S_{总}>10000m^2$	
文化建筑	文化活动	博物馆的展示厅、公共展览馆	$S_{总}>20000m^2$	
		公共图书馆阅览室	$S_{总}>2500m^2$	
	会议展览	会堂	$S_{总}>20000m^2$	
	观演场所	影剧院	$S_{总}>2500m^2$	
体育建筑	体育场馆		$S_{总}>2500m^2$	
宗教建筑	寺庙、教堂		—	
交通建筑	民用机场航站楼、客运车站候车室、客运码头候船厅		$S_{总}>15000m^2$	4. 所列情形中无建筑面积限定的建设工程无论规模大小，均属于特殊建设工程，均需办理消防设计审查
	城市轨道交通、隧道工程		—	
医疗建筑	医疗	医院病房楼	$S_{总}>1000m^2$	
		医院门诊楼	$S_{总}>2500m^2$	
	康养	疗养院病房楼	$S_{总}>1000m^2$	
民政建筑	养老院、福利院		$S_{总}>1000m^2$	
工业建筑	劳动密集型企业的生产加工车间、员工集体宿舍，生产、储存、装卸易燃易爆危险物品的工厂、仓库和专用车站、码头，易燃易爆气体和液体的充装站、供应站、调压站，大型发电、变配电工程		—	
其他建筑	公共建筑		$S_{单}>40000m^2$ 或 $H>50m$	

Q61 特殊建设工程在消防审查中有何要求

《消防法》第十条规定，对按照国家工程建设消防技术标准需要进行消防设计的建设工程，实行建设工程消防设计审查验收制度；第十一条规定，国务院住房和城乡建设主管部门规定的特殊建设工程，建设单位应当将消防设计文件报送住房和城乡建设主管部门审查，住房和城乡建设主管部门依法对审查的结果负责；第十二条规定，特殊建设工程未经消防设计审查或者审查不合格的，建设单位、施工单位不得施工。其他建设工程，建设单位未提供满足施工需要的消防设计图纸及技术资料的，有关部门不得发放施工许可证或者批准开工报告。建设工程消防设计审查工作是住房和城乡建设主管部门的法定职权，必须履职，依据《消防法》进行的建设工程消防设计审查为实质性审查，是行政许可行为。《消防法》第十三条规定，国务院住房和城乡建设主管部门规定应当申请消防验收的建设工程竣工，建设单位应当向住房和城乡建设主管部门申请消防验收。前款规定以外的其他建设工程，建设单位在验收后应当报住房和城乡建设主管部门备案，住房和城乡建设主管部门应当进行抽查。依法应当进行消防验收的建设工程，未经消防验收或者消防验收不合格的，禁止投入使用；其他建设工程经依法抽查不合格的，应当停止使用，建设工程消防验收是住房和城乡建设主管部门的法定职权，必须履职。住房和城乡建设行政主管部门是建设工程消防审验的责任主体。

Q62 消防设计审查包括哪些内容

建设工程按专业可划分为建筑、结构、设备（水、暖、电）等；消防设计按照建设工程防火技术措施分为被动防火和主动防火，如图 7-1 所示。

主动防火是根据建筑内起火、火灾和烟气的发展与蔓延特性，由提高建筑的灭火、控火能力，提高人员安全疏散与避难条件的各种技术措施构成的体系，包括消防给水系统、灭火设施、火灾自动报警和防烟排烟等。主要作用是通过早期火灾探测，使建筑发生火灾后能及时报警并采取措施进行人员疏散、开展灭火疏散行动，通过在建筑内设置的自动灭火设施及时灭火、控火、排除火灾产生的烟和热，以将火灾控制在一个较小的状态或空间内，减小火灾的热和烟气对建筑结构和人员疏散及消防救援人员的危害。审查的内容包

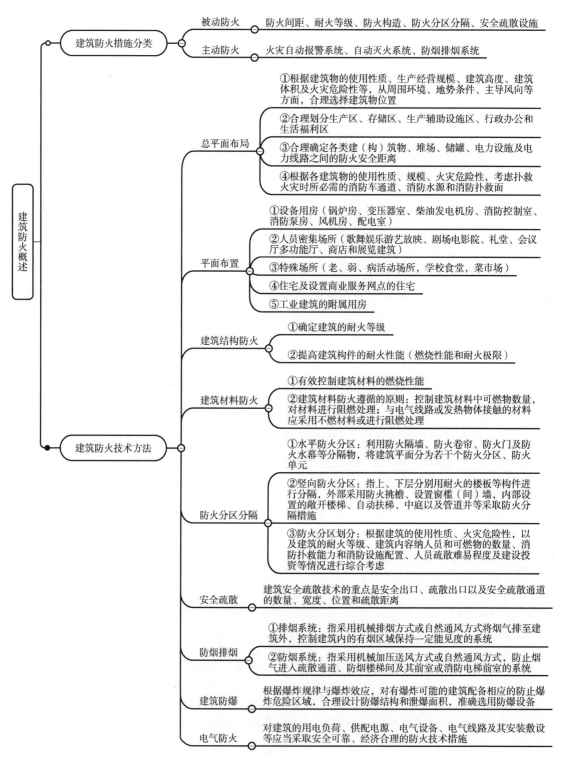

图 7-1　建设工程防火技术措施

括：消防给水系统、火灾自动报警系统、室内外消火栓和自动灭火系统等灭火系统与灭火器材、建筑防烟与排烟系统、应急照明和疏散指示系统的设置等设计内容。

被动防火是根据建筑中可燃物燃烧的基本原理，由防止可燃物燃烧条件的产生或削弱其燃烧条件的发展、阻止火势蔓延的各种技术措施构成的体系。审查的内容包括：

1）建筑整体耐火性能及建筑结构或构件的耐火和防火保护设计。

2）总平面布局和平面布置。

3）防火分区划分。

4）安全疏散距离及安全出口设置。

5）建筑材料及装修材料的合理选用。

6）泄压设施及抗暴措施。

需要强调的是被动防火设计主要以建筑结构和构造的形式体现，因此设计应有冗余度，充分考虑建筑在使用过程中可能发生功能或用途改变带来的潜在风险，避免在建筑竣工后或在使用过程中因设计缺陷造成难以改造的消防安全隐患。

◀第 2 节　建筑专业消防设计审查要点▶

Q63 住宅建筑的审查要点

（1）住宅建筑应至少沿建筑的一条长边设置消防车道。当建筑仅设置 1 条消防车道时，该消防车道应位于建筑的消防车登高操作场地一侧。

（2）住宅与非住宅功能合建的建筑应符合下列规定：

1）除汽车库的疏散出口外，住宅部分与非住宅部分之间应采用耐火极限不低于2.00h，且无开口的防火隔墙和耐火极限不低于 2.00h 的不燃性楼板完全分隔。

2）住宅部分与非住宅部分的安全出口和疏散楼梯应分别独立设置。

3）为住宅服务的地上车库应设置独立的安全出口或疏散楼梯，地下车库的疏散楼梯间与地上楼层的疏散楼梯间，应在直通室外地面的楼层采用耐火极限不低于 2.00h 且无开口的防火隔墙分隔。

（3）按照住宅建筑的防火要求建造的住宅与商业设施合建建筑，商业设施中每个独立单元之间应采用耐火极限不低于2.00h且无开口的防火隔墙分隔，每个独立单元的层数不应大于2层，且2层的总建筑面积不应大于300m²。

（4）住宅建筑中直通室外地面的住宅户门的净宽度不应小于0.80m，当住宅建筑高度不大于18m且一边设置栏杆时，室内疏散楼梯的净宽度不应小于1.0m，其他住宅建筑室内疏散楼梯的净宽度不应小于1.1m。

（5）高层住宅通向避难层的疏散楼梯应使人员在避难层处必须经过避难区上下。除通向避难层的疏散楼梯外，疏散楼梯（间）在各层的平面位置不应改变或应能使人员的疏散路线保持连续。

（6）高层住宅设置在消防电梯或疏散楼梯间前室内的非消防电梯，防火性能不应低于消防电梯的防火性能。

（7）多个单元的住宅建筑中通至屋面的疏散楼梯应能通过屋面连通。

Q64 老年人照料设施审查要点

（1）楼层高度≥5层且建筑面积>3000m²（包括设置在其他建筑内第五层及以上楼层）的老年人照料设施，应设置消防电梯，且每个防火分区可供使用的消防电梯不应少于1部。

（2）对于一、二级耐火等级建筑，老年人照料设施不应布置在楼地面设计标高>54m的楼层上。

（3）老年人照料设施的耐火等级不应低于三级。

（4）独立建造的老年人照料设施，内、外保温系统和屋面保温系统均应采用燃烧性能为A级的保温材料或制品。

（5）老年人照料设施每个防火分区或一个防火分区的每个楼层的安全出口不应少于2个（无放宽条件）。

Q65 厂房和仓库的审查要点

（1）厂房内的生产工艺布置和生产过程控制，工艺装置、设备与仪器仪表、材料等的设计和设置，应根据生产部位的火灾危险性采取相应的防火、防爆措施。

（2）建筑中有可燃气体、蒸气、粉尘、纤维爆炸危险性的场所或部位，应采取防止形成爆炸条件的措施；当采用泄压、减压、结构抗爆或防爆措施时，应保证建筑的主要承重结构在燃烧爆炸产生的压强作用下仍能发挥其承载功能。

（3）甲类厂房与人员密集场所的防火间距应≥50m，与明火或散发火花地点的防火间距应≥30m。甲类仓库与高层民用建筑和设置人员密集场所的民用建筑的防火间距应≥50m，甲类仓库之间的防火间距应≥20m。

（4）厂房内不应设置宿舍。直接服务于生产的办公室、休息室不应设置在甲、乙类厂房内。与甲、乙类厂房贴邻的辅助用房的耐火等级不应低于二级，并应采用耐火极限不低于 3.00h 的抗爆墙与厂房中有爆炸危险的区域分隔，安全出口应独立设置。设置在丙类厂房内的辅助用房应采用防火门、防火窗、耐火极限不低于 2.00h 的防火隔墙和耐火极限不低于 1.00h 的楼板与厂房内的其他部位分隔，并应设置至少 1 个独立的安全出口。

（5）丙、丁类物流建筑的耐火等级不应低于二级，物流作业区域和辅助办公区域应分别设置独立的安全出口或疏散楼梯，物流作业区域与辅助办公区域之间应采用耐火极限不低于 3.00h 的防火隔墙和耐火极限不低于 2.00h 的楼板分隔。

（6）甲、乙类生产场所（仓库）、地下或半地下丙类仓库的顶棚、墙面、地面和隔断内部装修材料的燃烧性能均应为 A 级。

Q66 汽车库的审查要点

（1）为住宅服务的地上车库应设置独立的安全出口或疏散楼梯。地下车库的疏散楼梯间当埋深≤10m 或层数≤2 层时，应为封闭楼梯间；当埋深>10m 或层数≥3 层时，应为防烟楼梯间，地下楼层的疏散楼梯间与地上楼层的疏散楼梯间，应在直通室外地面的楼层采用耐火极限不低于 2.00h 且用无开口的防火隔墙分隔。

（2）电梯间、疏散楼梯间与汽车库连通的门应为甲级防火门。

（3）汽车库内任一点至最近人员安全出口的疏散距离应符合下列规定：

1）单层汽车库、位于建筑首层的汽车库，无论汽车库是否设置自动灭火系统，均不应大于 60m。

2）其他汽车库，未设置自动灭火系统时，不应大于 45m；设置自动灭火系统时，不应大于 60m。

（4）与住宅地下室相连通的地下汽车库，人员疏散可借用住宅部分的疏散楼梯；当不能直接进入住宅部分的疏散楼梯间时，应在汽车库与住宅部分的疏散楼梯之间设置连通走道，走道应采用防火隔墙分隔，汽车库开向该走道的门均应采用甲级防火门。

Q67 歌舞娱乐放映游艺场所的审查要点

（1）歌舞娱乐放映游艺场所应布置在地下一层及以上且埋深不大于 10m 的楼层，当布置在地下一层或地上四层及以上楼层时，每个房间的建筑面积≤200m²。

（2）歌舞娱乐放映游艺场所中的房间疏散门的耐火性能不应低于乙级防火门的要求。歌舞娱乐放映游艺场所中房间开向走道的窗的耐火性能不应低于乙级防火窗的要求。

（3）歌舞娱乐放映游艺场所顶棚装修材料的燃烧性能应为 A 级，其他部位装修材料的燃烧性能均不应低于 B_1 级，设置在地下或半地下的歌舞娱乐放映游艺场所，墙面装修材料的燃烧性能应为 A 级。

（4）歌舞娱乐放映游艺场所每个防火分区或一个防火分区的每个楼层的安全出口不应少于 2 个（无放宽条件）。

（5）歌舞娱乐放映游艺场所中录像厅的疏散人数，应根据录像厅的建筑面积按≥1.0 人/m² 计算，其他用途房间的疏散人数，应根据房间的建筑面积按≥0.5 人/m² 计算。

Q68 消防水泵房和消防控制室的审查要点

（1）单独建造的消防水泵房（消防控制室），耐火等级不应低于二级。附设在建筑内的消防水泵房（消防控制室）应采用防火门、防火窗、耐火极限不低于 2.00h 的防火隔墙和耐火极限不低于 1.50h 的楼板与其他部位分隔。

（2）消防水泵房应设置在建筑的地下二层及以上楼层，疏散门应直通室外或安全出口，并应采取防水淹等的措施。

（3）消防控制室应位于建筑的首层或地下一层，疏散门应直通室外或安全出口并应采取防水淹、防潮、防啮齿动物等的措施。

（4）消防控制室顶棚和墙面内部装修材料的燃烧性能均应为 A 级，地面装修材料的燃烧性能不应低于 B_1 级。消防水泵房的顶棚、墙面和地面内部装修材料的燃烧性能均应为 A 级。

Q69 儿童活动场所的审查要点

（1）儿童活动场所不应布置在地下或半地下，对于一、二级耐火等级建筑，应布置在一～三层。

（2）儿童活动场所每个防火分区或一个防火分区的每个楼层的安全出口不应少于 2 个（无放宽条件）。位于高层建筑内的儿童活动场所，安全出口和疏散楼梯应独立设置。

◀第 3 节　结构专业消防设计审查要点▶

Q70 建筑构造的审查要点

（1）建筑高度大于 100m 的民用建筑，其楼板的耐火极限不应低于 2.00h。相应混凝土楼板厚度不应小于 100mm。

（2）防火墙的构造应能在防火墙任意一侧的屋架、梁、楼板等受到火灾影响而破坏时，不会导致防火墙的倒塌。

（3）防火墙应直接设置在建筑的基础或框架、梁等承重结构上，框架、梁等承重结构的耐火极限不应小于防火墙的耐火极限（3.00h，此时混凝土梁的保护层厚度应增加到 5cm）。

（4）防火墙的耐火极限不应低于 3.00h。甲、乙类厂房和甲、乙、丙类仓库内的防火墙，耐火极限不应低于 4.00h。

（5）设置在防火墙和要求耐火极限不低于 3.00h 的防火隔墙上的窗应为甲级防火窗。

（6）用于防火分隔的防火玻璃墙，耐火性能不应低于所在防火分隔部位的耐火性能要求。

Q71 钢结构防火设计的审查要点

（1）在钢结构设计文件中，应注明结构的设计耐火等级，构件的设计耐火极限、所需要的防火保护措施及其防火保护材料的性能要求。

（2）跨度不小于60m的大跨度钢结构，宜采用基于整体结构耐火验算的防火设计方法，预应力钢结构和跨度≥120m的大跨度建筑中的钢结构，应采用基于整体结构耐火验算的防火设计方法进行设计。

（3）钢结构构件的耐火验算和防火设计，可采用耐火极限法、承载力法或临界温度法。

（4）钢结构采用喷涂防火涂料保护时应注意：

1）室内隐蔽构件，宜选用非膨胀型防火涂料。

2）设计耐火极限大于1.50h的构件，不宜选用膨胀型防火涂料。

3）室外、半室外钢结构采用膨胀型防火涂料时，应选用满足环境对其性能要求的产品。

4）非膨胀型防火涂料涂层的厚度不应小于10mm。

5）防火涂料与防腐涂料应相容、匹配。

（5）钢结构采用包覆防火板保护时应符合：

1）防火板应为不燃材料，且受火时不应出现炸裂和穿透裂缝等现象。

2）防火板的包覆应根据构件形状和所处部位进行构造设计，并应采取能确保安装牢固稳定的措施。

Q72 钢筋混凝土结构防火设计的审查要点

（1）建筑高度大于100m的工业与民用建筑楼板的耐火极限不应低于2.00h。一级耐火等级工业与民用建筑的上人平屋顶，屋面板的耐火极限不应低于1.50h；二级耐火等级工业与民用建筑的上人平屋顶，屋面板的耐火极限不应低于1.00h。

（2）建筑钢筋混凝土构件或结构采用喷涂防火涂料保护时，宜选用非膨胀型防火涂料；当构件或结构的耐火极限要求不低于1.50h时，不宜采用膨胀型防火涂料。

（3）建筑钢筋混凝土构件或结构采用包覆灰砂砖、轻质混凝土砌块、混凝土或金属网抹砂浆等保护时，应符合：

1）当采用包覆混凝土保护时，混凝土的强度等级不应低于C20。

2）当采用包覆金属网抹砂浆保护时，砂浆的强度等级不应低于M5。当采用包覆砌体保护时，砖或砌块的强度等级不应低于MU10。

（4）建筑的隔震橡胶支座应采取防火保护措施，防火保护后隔震橡胶支座的耐火极限不应低于与之连接的结构构件的耐火极限要求。隔震橡胶支座的防火保护宜采用喷涂非膨胀型防火涂料或包覆防火板的方式。

（5）建筑钢筋混凝土构件保护层厚度大于 50mm 时，应在保护层中间内置钢丝网，钢丝直径不宜大于 8mm，网孔间距不宜大于 150mm。

附录 A　本书引用标准及地方规定简称

◀A.1　国家、行业和地方标准▶

（1-1）《建筑防火通用规范》GB 55037—2022，简称《建通规》

（1-2）《建筑设计防火规范》GB 50016—2014（2018 年版），简称《建规》

（1-3）《建筑内部装修设计防火规范》GB 50222—2017，简称《装修规》

（1-4）《汽车库、修车库、停车场设计防火规范》GB 50067—2014，简称《汽修规》

（1-5）《易燃易爆性商品储存养护技术条件》GB 17914—2013，简称《易燃爆品储存》

（1-6）《危险货物品名表》GB 12268—2012，简称《危品表》

（1-7）《火力发电厂烟气脱硝设计技术规程》DL/T 5480—2013，简称《烟脱规》

（1-8）《锅炉房设计标准》GB 50041—2020，简称《锅标》

（1-9）《压缩空气站设计规范》GB 50029—2014，简称《空压规》

（1-10）《深度冷冻法生产氧气及相关气体安全技术规程》GB 16912—2008，简称《冷冻产氧规》

（1-11）《钢铁冶金企业设计防火标准》GB 50414—2018，简称《钢冶标》

（1-12）《附建式变电站设计防火标准》SJG 110—2022，简称《附建变电站标》

（1-13）《冷库设计标准》GB 50072—2021，简称《冷库标》

（1-14）《建筑钢结构防火技术规范》GB 51249—2017，简称《建钢规》

（1-15）《钢结构防火涂料》GB 14907—2018，简称《钢涂》

（1-16）《钢结构防火涂料应用技术规程》T/CECS24—2020，简称《钢涂规》

（1-17）《〈建筑设计防火规范〉GB 50016—2014（2018 年版）实施指南》，简称《建规指南》

（1-18）《医疗建筑电气设计规范》JGJ 312—2013，简称《医电规》

（1-19）《消防应急照明和疏散指示系统技术标准》GB 51309—2018，简称《应急疏散标》

（1-20）《人员密集场所消防安全管理》GB/T 40248—2021，简称《人员密集管理》

（1-21）《自动喷水灭火系统设计规范》GB 50084—2017，简称《自喷》

（1-22）《火灾自动报警系统设计规范》GB 50116—2013，简称《自报》

（1-23）《建筑防烟排烟系统技术标准》GB 51251—2017，简称《防排烟》

（1-24）《气体灭火系统设计规范》GB 50370—2005，简称《气规》

（1-25）《商店建筑设计规范》JGJ 48—2014，简称《商店规》

（1-26）《车库建筑设计规范》JGJ 100—2015，简称《车库规》

（1-27）《人民防空工程设计防火规范》GB 50098—2009，简称《人防规》

（1-28）《民用建筑通用规范》GB 55031—2022，简称《民通规》

（1-29）《幼儿园建设标准》建标 175—2016，简称《幼建标》

（1-30）《中小学校设计规范》GB 50099—2011，简称《中小学规》

（1-31）《民用建筑设计统一标准》GB 50352—2019，简称《民用标》

（1-32）《建筑钢筋混凝土结构防火技术标准》（征求意见稿），简称《结构防火标准》

（1-33）《消防给水及消火栓系统技术规范》GB 50974—2014，简称《消水规》

（1-34）《石油化工企业建筑物分类标准》SH/T 3196—2017，简称《石化分类标》

◀A.2　政府文件▶

（2-1）《建设工程消防设计审查验收工作细则》（建科规〔2020〕5 号），简称《建消审验细则》

（2-2）《关于 2023 上半年全省建设工程消防设计审查验收抽查情况的通报》（陕建消发〔2023〕35 号）

（2-3）《关于加强剧本娱乐经营场所管理的通知》（文旅市场发〔2022〕70 号），简称《剧本娱乐管理》

（2-4）《中华人民共和国消防法》，简称《消防法》

（2-5）《关于印发剧本娱乐经营场所消防安全指南（试行）的通知》（消防〔2023〕26 号），简称《剧本娱乐消防指南》

（2-6）《娱乐场所管理办法》（2022 年修订）

◀A.3 地方规定▶

（3-1）《山东省建设工程消防设计审查验收技术指南（建筑、结构）（2022年版）》，简称《山东审验指南》

（3-2）《广西建设工程消防设计审查验收常见问题汇编（2023年版）》，简称《广西审验汇编》

（3-3）《广东省建设工程消防设计审查疑难问题解析（2023年版）》，简称《广东审查解析》

（3-4）《湖北省建设工程消防设计审查验收疑难问题技术指南（2022年版）》，简称《湖北审验指南》

（3-5）《吉林省民用建筑设计防火统一标准（2023年版）》，简称《吉林防火标准》

（3-6）《海南省建设工程消防设计、审查验收疑难问题解答（2023年版）》，简称《海南审验解答》

（3-7）《深圳市建设工程消防设计疑难解析（2022年版）》，简称《深圳疑难解析》

（3-8）《山东省建筑工程消防设计部分非强制性条文适用指引（2020年版）》，简称《山东指引》

（3-9）《江苏省建设工程消防设计审查验收常见技术难点问题解答2.0（2022年版）》，简称《江苏审验解答》

（3-10）《安徽省建设工程消防设计审查验收工作疑难问题解答（2024年版）》，简称《安徽审验解答》

（3-11）《四川省房屋建筑工程消防设计技术审查要点（试行）（2022年版）》，简称《四川审查要点》

（3-12）《石家庄市消防设计审查疑难问题操作指南（2021年版）》，简称《石家庄审查指南》

（3-13）《甘肃省建设工程消防设计技术审查要点（建筑工程）（2020年版）》，简称《甘肃审查要点》

（3-14）《山西省民用建筑工程消防设计审查难点解析（2022年版）》，简称《山西审查解析》

（3-15）《浙江省消防难点问题操作技术指南（2020 年版）》，简称《浙江消防指南》

（3-16）《河南省建设工程消防设计审查验收疑难问题技术指南（2023 年版）》，简称《河南审验指南》

（3-17）《天津市特殊建设工程消防设计审查常见问题疑难解析（2022 年版）》，简称《天津审查解析》

（3-18）《大连市建设工程消防设计审查验收技术指南（2023 年版）》，简称《大连审验指南》

（3-19）《山东省施工图审查常见问题解答（房屋建筑）（2024 年版）》，简称《山东审查解答》

（3-20）《陕西省建筑防火设计、审查、验收疑难问题技术指南（2021 年版）》，简称《陕西审验指南》

（3-21）《石家庄市消防设计审查疑难问题操作导则（2023 年版）》，简称《石家庄审查导则》

（3-22）《重庆市建设工程消防设计技术疑难问题研究（培训资料）（2023 年版）》，简称《重庆消防研究》

（3-23）《贵州省消防技术规范疑难问题技术指南（2022 年版）》，简称《贵州消防指南》

（3-24）《南宁市建筑工程消防技术难点问题解答（2022 年版）》，简称《南宁消防解答》

（3-25）《乌鲁木齐市施工图审查常见问题汇编（2023 年版）》，简称《乌鲁木齐审查汇编》

（3-26）《青岛市建筑工程施工图设计审查技术问答清单（2023 年版）》，简称《青岛审查清单》

（3-27）《吉林省民用建筑设计防火统一标准（2023 年版）》，简称《吉林防火标准》

（3-28）《南京市关于部分新兴行业领域建设工程消防设计审查验收管理有关问题的解答（2024 年版）》，简称《南京新兴行业审验解答》

（3-29）《上海市建筑设计质量问题案例分析手册（三）—消防设计案例分册 V2.0（2023 年版）》，简称《上海质量手册》

（3-30）《河南省房屋建筑工程消防设计审查常见技术问题解答（2023 年版）》，简称《河南审查解答》

（3-31）《济南市建设工程消防设计审查验收常见问题释疑（第一期，2023 年版）》，简称《济南审验释疑》

（3-32）中国建筑科学研究院有限公司关于《建筑内部装修设计防火规范》GB 50222—2017 有关条款解释的复函（2018 年 8 月 7 日，2018 年 11 月 9 日），简称《中建院复函》

（3-33）《结构设计统一技术措施》，中国建筑设计院有限公司编，简称《结构技术措施》

◀A. 4　规范指南和图示▶

（4-1）《〈建筑设计防火规范〉（GB 50016—2014）（2018 年版）实施指南》，简称《建规指南》

（4-2）《〈建筑防火通用规范〉（GB 55037—2022）实施指南》，简称《建通规指南》

（4-3）《建筑设计防火规范》图示 18J811-1，简称《建规图示》

附录 B　书中引述的典型消防事故
调查报告及简称索引

下面为书中所引述的典型重大火灾安全事故索引，其中的调查报告都是由国务院或省级及以上部门组织的专门联合调查组出具的权威结论，感兴趣的读者可以自行在网上搜索，以更详细地了解事故发生的具体原因及其造成的严重后果，从而保持对消防安全的时刻警醒和对涉及自身责任重大的认识与重视。

（5-1）阜新市"11.27"特大火灾伤亡事故，简称"阜新 11.27 事故"

（5-2）长垣县皇冠歌厅"12.15"重大火灾事故调查报告，简称"长垣 12.15 报告"

（5-3）南昌市"2.25"重大火灾事故调查报告，简称"南昌 2.25 报告"

（5-4）4.24 清远 KTV 纵火案，简称"4.24 清远纵火案"

（5-5）"1.22"武汉市商职医院重大火灾事故调查报告，简称"武汉 1.22 报告"

（5-6）吉林省辽源"12.15"特大火灾事故调查报告，简称"吉林 12.15 报告"

（5-7）石鼓区衡阳来雁医院有限责任公司"1.8"较大火灾事故调查报告，简称"衡阳 1.8 报告"

（5-8）北京丰台长峰医院"4.18"重大火灾事故调查报告，简称"丰台 4.18 报告"

（5-9）黑龙江省海伦市联合敬老院"7.26"火灾情况通报，简称"海伦 7.26 通报"

（5-10）5.25 河南养老院特大火灾事故调查报告，简称"5.25 河南报告"

（5-11）辉南县聚德康安老院"1.04"较大火灾事故调查报告，简称"辉南 1.04 报告"

（5-12）1963 年"6.16"天津铝制品厂磨光车间大爆炸事故报告

（5-13）江苏省丹阳市"3.11"重大爆炸事故报告

（5-14）国家安监总局关于近期铝生产企业较大爆炸事故的通报（安监总明电〔2011〕19 号）

（5-15）温州市瓯海区"8.5"铝粉尘爆炸重大事故调查报告，简称"瓯海 8.5 报告"

（5-16）江苏昆山中荣金属公司"8.2"特别重大爆炸事故调查报告，简称"昆山 8.2 报告"

（5-17）深圳市光明新区公明精艺星五金加工厂"4.29"较大爆炸事故调查报告

（5-18）深圳市信新宇五金制品有限公司"11.20"铝粉尘爆炸事故报告

（5-19）东莞华茂电子"7.4"粉尘爆燃事故通报

（5-20）常州武进常州燊荣金属科技有限公司"1.20"较大粉尘爆炸事故调查报告

（5-21）北京市大兴区11.18重大火灾事故报告

（5-22）达州市通川区塔沱市场"2018.6.1"重大火灾事故调查报告

（5-23）大连新长兴市场"12.31"火灾原因初步调查报告

（5-24）中山市黄圃镇祥兴食品冷冻厂冷冻仓库火灾事故调查报告

（5-25）沈阳市铁西区万达广场"8.28"重大火灾事故情况的通报（安委办明电〔2010〕88号）

（5-26）5.16闽侯比亚迪4S店火灾事故报告

参 考 文 献

[1] 中华人民共和国住房和城乡建设部.建筑防火通用规范：GB 55037—2022 [S].北京：中国计划出版社，2022.

[2] 中华人民共和国住房和城乡建设部.建筑设计防火规范（2018 年版）：GB 50016—2014 [S].北京：中国计划出版社，2018.

[3] 中华人民共和国住房和城乡建设部.建筑内部装修设计防火规范：GB 50222—2017 [S].北京：中国计划出版社，2017.

[4] 中华人民共和国住房和城乡建设部.汽车库、修车库、停车场设计防火规范：GB 50067—2014 [S].北京：中国计划出版社，2014.

[5] 中华人民共和国住房和城乡建设部.建筑钢结构防火技术规范：GB 51249—2017 [S].北京：中国计划出版社，2017.

[6] 中华人民共和国住房和城乡建设部.自动喷水灭火系统设计规范：GB 50084—2017 [S].北京：中国计划出版社，2017.

[7] 中华人民共和国住房和城乡建设部.火灾自动报警系统设计规范：GB 50116—2013 [S].北京：中国计划出版社，2013.

[8] 中华人民共和国住房和城乡建设部.建筑防烟排烟系统技术标准：GB 51251—2017 [S].北京：中国计划出版社，2017.

[9] 国家市场监督管理总局.钢结构防火涂料：GB 14907—2018 [S].北京：中国标准出版社，2018.

[10] 应急管理部四川消防研究所.钢结构防火涂料应用技术规程：T/CECS 24—2020 [S].北京：中国计划出版社，2020.

[11] 中国商业联合会.易燃易爆性商品储存养护技术条件：GB 17914—2013 [S].北京：中国标准出版社，2013.

[12] 中华人民共和国应急管理部.人员密集场所消防安全管理：GB/T 40248—2021 [S].北京：中国标准出版社，2021.

[13] 交通运输部水运科学研究所.危险货物品名表：GB 12268—2012 [S].北京：中国标准出版社，2012.

[14] 国家能源局.火力发电厂烟气脱硝设计技术规程：DL/T 5480—2013 [S].北京：中国计划出版社，2013.

[15] 中华人民共和国住房和城乡建设部.锅炉房设计标准：GB 50041—2020 [S].北京：中国计划出版社，2020.

［16］中华人民共和国住房和城乡建设部．压缩空气站设计规范：GB 50029—2014［S］．北京：中国计划出版社，2014．

［17］国家安全生产监督管理总局．深度冷冻法生产氧气及相关气体安全技术规程：GB 16912—2008［S］．北京：中国计划出版社，2008．

［18］深圳供电局有限公司．附建式变电站设计防火标准：SJG 110—2022［S］．深圳：2022．

［19］中华人民共和国住房和城乡建设部．钢铁冶金企业设计防火标准：GB 50414—2018［S］．北京：中国计划出版社，2018．

［20］中华人民共和国住房和城乡建设部．医疗建筑电气设计规范：JGJ 312—2013［S］．北京：中国计划出版社，2013．

［21］中华人民共和国住房和城乡建设部．消防应急照明和疏散指示系统技术标准：GB 51309—2018［S］．北京：中国计划出版社，2018．

［22］中华人民共和国住房和城乡建设部．商店建筑设计规范：JGJ 48—2014［S］．北京：中国计划出版社，2014．

［23］中华人民共和国住房和城乡建设部．车库建筑设计规范：JGJ 100—2015［S］．北京：中国计划出版社，2015．

［24］中华人民共和国住房和城乡建设部．人民防空工程设计防火规范：GB 50098—2009［S］．北京：中国计划出版社，2009．

［25］中华人民共和国住房和城乡建设部．民用建筑通用规范：GB 55031—2022［S］．北京：中国建筑工业出版社，2022．

［26］中华人民共和国住房和城乡建设部．民用建筑设计统一标准：GB 50352—2019［S］．北京：中国建筑工业出版社，2019．

［27］中华人民共和国住房和城乡建设部．中小学校设计规范：GB 50099—2011［S］．北京：中国建筑工业出版社，2010．

［28］规范编制组．建筑防火通用规范实施指南［M］．北京：中国计划出版社，2023．

［29］规范编制组．消防设施通用规范实施指南［M］．北京：中国计划出版社，2022．

［30］孟建民．建筑工程设计常见问题汇编（建筑分册）［M］．北京：中国建筑工业出版社，2021．

［31］美国全国火灾防控委员会．美国在燃烧［M］．司戈，译．北京：北京大学出版社，2014．

［32］石峥嵘．建筑防火通用规范（GB 55037—2022）解读及应用［M］．北京：应急管理出版社，2024．

［33］中国京冶工程技术有限公司．建筑设计防火规范图示（18J811-1）［M］．北京：中国计划出版社，2018．

［34］倪照鹏，等．建筑设计防火规范（2018 年版）实施指南［M］．北京：中国计划出版社，2018．

［35］郑玉海．中国消防手册（第三卷）［M］．上海：上海科学技术出版社，2006．

［36］倪照鹏．建筑防火设计常见问题释疑［M］．北京：中国计划出版社，2022.

［37］北京市施工图审查协会．建筑工程施工图设计文件技术审查常见问题解析（建筑专业防火部分）

　　　［M］．北京：中国建筑工业出版社，2023.

［38］规范编制组．建筑内部装修设计防火规范理解与应用［M］．北京：中国计划出版社，2018.

后　记

生命需多一道"防火墙"
——火灾猛于虎，防患于未"燃"

消防是为建筑服务，还是建筑为消防服务？二十多年从事施工图审查工作最大的感触，就是现在的建筑消防设计基本上都是为了满足消防技术标准要求，为了通过消防设计审查验收而完成设计；从事消防设计的人员缺乏必要的火灾科学或消防设计系统知识。对消防技术标准"盖未深加体审，惟据纸上猜度"，不了解消防设计的底层逻辑而一味要求机械执行消防技术标准，或是曲解消防技术标准条文要实现的目标和功能，导致现在消防设计和建筑设计存在难以融合的矛盾。

许多发生特大火灾的建设工程也按照消防技术标准设置了消防设施，但是当火灾发生时却无法发挥应有作用。这其中有多种原因，应该说消防设计也有很大问题，虽然设计貌似满足了消防技术标准条文要求，但设计中各专业之间的衔接存在缺陷，导致消防系统难以正常运行，从而无法发挥应有作用。我们在分析火灾事故的时候总是发出"如果怎样就不会发生""如果某一环节发挥作用就不会发生"等感慨，消防设计是一个系统工程，要真正减少火灾事故发生，高质量的消防设计是必不可少的一个重要环节和链条。那么，如何实现高质量的消防设计呢？这要从火灾中的真正杀手谈起。

多数人认为，烧伤是火灾致人死亡的最主要原因，设计人员也确实非常重视材料的阻燃性能。但统计资料表明，在火灾致人死亡的"窒息、高温、浓烟、中毒、火烧"五个直接原因中，烧伤仅排在最后一位，大量事实证明，相比较燃烧时的火焰灼烧，火灾中烟和其他有毒气体产物的危害要严重得多。通过分析和研究多年来火灾中人员伤亡的案例，证明了这样一个事实：火灾造成的人员伤亡，大部分不是由于火灾的直接热作用引起，而是吸入火灾中产生的烟雾和有毒气体导致的。为此，笔者认为目前急需要做好以下几点：

1. 培养专业的消防设计审查团队

能准确把握建设工程消防设计要实现的目标和性能要求，能很好地实现消防设计和建设工程设计相融合的专业技术团队是高质量消防设计的基础。消防设计审查人员应具备应有的火灾基本理论,对消防技术标准条文有正确的理解和把握,能准确了解建设工程设计要求,防止出现为了消防设计而设计。如《建通规》中没有明确甲类仓库可以不设置消防救援口,但甲类仓库只允许采用单层建筑,且占地面积和防火分区面积都较小,实际上可以直接利用库房的外门或外窗作为救援口,而不需要设置。同时,消防救援人员在灭火救援时一般不需要从窗口进入室内。

2. 运用 AI 技术推进消防设计

可以运用 AI 技术模拟火灾场景,帮助设计人员更好地理解火灾蔓延和人员疏散情况,提高防火设计的针对性和实用性。在消防设计中,消防设施设备应更多采用智能化技术,从而提高火灾探测的准确性和灭火救援的可靠性。创新设计理念和方法,通过有效的设计方法降低火灾发生的概率,特别是在火灾初期及时进行有效扑救并引导受困人员安全疏散至安全出口。

3. 建立完善的消防设计管理体系

按照全局思维进行消防设计是非常重要的。首先,要明确项目所要实现的整体消防安全目标;其次要建立完善的质量管理流程,明确各专业责任人,加强各专业的协调与配合,形成完整的质量控制链。最后,及时发现和解决潜在问题,提高设计人员的质量意识和技能水平。

4. 落实消防设计的针对性和实用性

首先,要深入了解客户需求。了解实际需求和消防安全的现状,使设计人员准确地把握设计方向和重点。通过了解同类项目消防设计的优缺点,为设计人员提供有益的参考和借鉴。其次,在项目方案设计和初步设计阶段组织或引入相关专家团队进行充分的讨论和论证,以求找到最佳解决方案。高质量的消防设计是一定需要反复打磨才能达到的。

5. 加强设计与施工的协调与配合

在消防设计发展的实施路径中,设计阶段应充分考虑施工过程中的实际情况,包括施工难度、装修材料选用、施工环境等因素,以确保消防设计方案的可实施性。当前很多设计人员不熟悉施工要求,导致设计无法有效实施。同时,施工过程中应严格遵循设计方案,对设计方案的变更应经过充分论证和审批,避免因施工不当导致的设计方案失效。采用 BIM 技术等数字化工具能有效达到加强设计与施工的协调与配合,实现设计、施工和运维等各阶段的协同作业,提高工程效率和工程质量这一目标。

总之,要提高消防设计整体水平,绝不能停留在传统的、旧的思维模式中,仅仅以为了满足消防技术标准和通过消防设计审查验收为目标。应提升至生命至上，保护人民生命财产安全为目标，有效预防火灾的发生和控制火灾的发展为终极目标。

希望本书能为消防审验工作贡献一点点微薄之力！

2024 年 8 月 19 日